ちくま新書

安保論争

細谷雄一
Hosoya Yuichi

1199

安保論争【目次】

はじめに

†メディアからの批判

「国民的論議を抜きにして法案を押し通すのは許せない」

朝日新聞はその紙面の中で、法案に反対する人々の運動について、「草の根の異議広がる」と題して、その怒りの様子を伝えている。「女性を中心とした草の根レベルの反対運動がここにきて広がりを見せている」という。新しい法案の導入をめぐり、国会の中と外の両方で、激しい論戦が見られた。世論は賛成派と反対派に分かれ、メディアもまたそれぞれの立場を支えるようになっていた。朝日新聞は、明確に、その法案には批判的な立場であった。

他方で、会員数が五〇〇〇人にのぼる「日本婦人有権者同盟」は、「法案は憲法に違反し、国民の合意も得られていない」と、「議員会館を訪ねたり、電話で慎重審議を求める説得活動を続けている」その様子を、紙面においてくわしく紹介している。

それだけではない。朝日新聞では「数の力で押し切る政治」と題する社説の中で、法案への強い異議を説いている。そこでは、「『数の優位』を頼んで押しまくっている」政府を批判して、「議会政治の基本である『対話の精神』を欠いているといわざるをえない」と非難する。そして、「このままでは、国会や国会議員の権威が落ち、政治に対する不信感も広がるだろう。憂慮すべき事態だ」と論じて、法案の審議が十分ではなかったことを批判している。

さらには、「声」の欄で、「憲法ねじ曲げ、何が法治主義」という「21歳学生」の次のような怒りの言葉を載せている。「第9条の理念を際限のない拡大解釈によってねじ曲げれば、国家の最高法規である憲法は全く中身のないものになってしまう。これを法治主義に対する挑戦だと考えるのは、大げさだろうか」。

法案への国民の反対の声はさまざまな場所で見られるが、朝日新聞ではこのような多様な不安の声を掲載して、国会での政府の対応を厳しく批判した。また社会面では、「『審議不十分』『違憲』9割」と題する記事を載せて、「大阪弁護士会の会長経験者ら有志は一五日夕、約二〇〇〇人の全会員を対象にしたアンケートの結果をまとめた」と報じている。

その結果は、会員の九割が法案を「違憲」と返答したという。このような批判と不安が渦巻く中で成立した法律に対して、朝日新聞は強く疑念を示していた。

法案成立についての主要紙の評価は、大きく二つに分かれた。朝日新聞の紙面ではその様子を伝えており、「東京の主要各紙のうち、読売新聞と産経新聞」が「成立を積極的に評価した」と述べ、他方で「毎日新聞と朝日新聞は、国会の審議のありかた全体に疑問を投げかけた」と報じている。また、「毎日は『憲法を守るべき立場にある国会が、国民の意思を問うことなく、どこまでも憲法解釈を拡大するというのでは、議会制民主主義の根幹が揺らぐ』と厳しい目を注いだ」と、その社説を紹介している。

†何を恐れているのか

さて、ここで紹介した法案成立を批判的に報道する朝日新聞の記事は、すべて、二四年前の一九九二年六月一五日に成立した、国連平和維持活動協力法、いわゆるＰＫＯ協力法に関するものである。二〇一五年九月一九日未明に参議院で可決して成立した、いわゆる「安全保障関連法」（以下、安保関連法）に関するものではない。

これらの記事のなかで朝日新聞は、このＰＫＯ協力法の成立のプロセスを厳しく批判し、またそれを違憲とする見解をしばしば紹介している。憲法解釈を「変更」して自衛隊を海外に派遣することになるPKO協力法が、それまでの戦後の平和主義の精神を脅かすと、懸念を示していた。このときの政権は、ハト派の宮澤喜一首相率いる自民党政権であり、自民党、公明党、民社党の三党の賛成によりこのPKO協力法が成立した。

社会党はこの法案成立に激しく抵抗していた。田辺誠社会党委員長は「今日、憲法違反のPKO協力法案が強行採決されようとしている。身をていして打開を図るべく、辞職を決意した」と述べて、党所属の全衆議院議員の辞職願を議長に提出した。また、社会党は、法案採決の際に、国会の議場で「牛歩戦術」をとって抵抗した。法案成立を阻止するために、意図的に所属議員がのろのろと歩くことによって、一本あたり最大一三時間も採決を引き延ばした。これが、彼らの考える平和主義であり、民主主義であった。

その後、PKO協力法に基づいた自衛隊の海外派遣は、国際社会で高い評価を受けるとともに、国民の間でも理解が浸透していった。他方で、リベラル系のメディアが論じるようなかたちで、憲法解釈の「変更」による自衛隊の海外での活動が戦後の平和主義の理念を壊すことはなかったし、国会での「強行採決」が民主主義を破壊することもなかった。むしろ、自衛隊のPKO参加によって、よりいっそう肯定的なかたちで日本の平和主義の理念が世界に伝わることになった。災害後の復興支援活動、内戦後の平和構築活動や人道支援活動などは、国際社会において日本の平和国家としてのイメージを定着させることを手伝った。

1992年6月、PKO協力法に抗議する国会周辺のデモ（©時事）

そのような自衛隊の海外での努力は、世論調査の結果にも明確に現れている。二〇一六年の内閣府の世論調査によれば、国連ＰＫＯへの参加について八一パーセントもの人が、肯定的に評価をしており、「参加すべきではない」と答えた者の割合は、全体のわずか一・八パーセントに過ぎなかった。かつては、ＰＫＯ参加のための自衛隊派遣を、大阪弁護士会の九割が違憲とみなしており、また朝日新聞は社説で「数の力で押し切る政治」としてその法案成立を批判していた。

朝日新聞では、法案成立の翌日の一九九二年六月一六日の社説で、「ＰＫＯ協力の不幸な出発」と題して、「自衛隊とは別の組織を新設し、文民主体の民生分野の協力から始めよう」と主張している。そして、「この法律には多くの問題点や欠陥がある」と法案成立を批判している。そこでは「自衛隊を送る」という「狭い考え方」を批判して、「軍縮の推進、貧困の克服、地球環境の保全」を徹底すべきと、社の方針を説いている。

同日の朝日新聞では、政治部による次のような解説が掲載されている。そこでは、「自衛隊のPKO派遣をめぐる憲法解釈論議が最大の焦点となったことは間違いない」として、「自衛隊の海外派遣、なかでもPKF参加に対する政府の見解は、従来の『憲法上許されない場合が多い』から、『武力行使と一体化しないのであれば、わが国の武力行使との評価を受けることはない』（工藤敦夫内閣法制局長官）へと大幅に変わった」と指摘する。

二〇一五年の安保法制に関する反対派の議論を見ていると、まさに一九九二年六月のPKO協力法成立の際に見られた批判と同様の議論が繰り返されていることに気がつく。法案成立への政府の手法に対する批判や、自衛隊が海外で活動することで戦闘に巻き込まれることへの批判、さらにはそれによって戦後の平和主義が崩れていくことの懸念や、憲法解釈の変更による自衛隊の活動領域の拡大についての異議が唱えられている。

同様の批判や懸念は、一九九九年五月二四日の周辺事態法成立の際、二〇〇四年一月一六日にイラク南部サマワに向けて陸上自衛隊先遣隊が派遣された際、そして同年の六月一四日に有事関連法が成立した際にも、聞こえてきた。いったい何を恐れ、何に懸念し、何を止めようとしているのだろうか。

†なぜ立場を変えたのか

本書は、二〇一五年に見られた安保関連法をめぐる論争のなかで、いくつもの疑問を感じたことを契機として、書き上げることになった。その疑問の一つは、政治的な議論をする際の誠実さについてである。

一九九二年六月のPKO協力法成立の際には、厳しくその法律の成立過程とその内容を批判していた朝日新聞や毎日新聞は、いつからPKO協力法への批判をやめたのだろう。また、当時の社会党、現在の社民党は安保関連法へも激しい批判を浴びせていたが、自衛隊違憲論の旗をいつ降ろして、PKO協力法廃止の運動をいつやめたのだろうか。いつから、PKO協力法は「危険」でなくなったのか。いつから、PKO協力法に基づいて自衛隊を海外に派遣することについて、憲法解釈上の疑念がなくなったのだろうか。

PKO協力法の際には、自衛隊の海外派遣が、それ以前の戦後日本の平和主義を破壊すると懸念され、従来の憲法解釈の変更であると批判されていた。現在は、同じようにして、安保関連法が立憲主義の否定であると批判され、これによって戦後日本の平和主義が転換したと論評されている。

二〇一五年七月一一日の朝日新聞朝刊では、「憲法学者ら一二二人回答　『違憲』一〇四人『合憲』二人」との見出しで、憲法学者へのアンケートの結果を報じていた。ところが、紙面版記事からは、「現在自衛隊の存在は違憲と考えますか？」というアンケートに対して、全体の六三％にあたる七七人が、「憲法違反にあたる」あるいは「憲法違反の可能性がある」と返答している結果は、なぜか削られている。そして、「憲法九条の改正についてどう考えるか？」という質問に対しては、「改正の必要はない」と応えたのが、全体の八一％にあたる九九人であった。

すなわち、憲法学者の多数は、このアンケート調査によれば、自衛隊を「違憲」とみなしながら、その違憲状態が続くような状況を変える必要がないと考えているのである。立憲主義の観点からすれば、違憲状態を放置することを憲法学者の多数が好ましいと考えることを、どのように理解すればよいのか。自衛隊を違憲ととらえながらも、憲法改正の必要がないと説くことは、違憲状態を許容することを意味して、立憲主義にとっての脅威になるのではないか。論理的に考えれば、自衛隊を合憲とみなすのであれば憲法九条の改正は必要ないであろうし、自衛隊を違憲とみなすのであれば憲法九条を改正するか、あるいは自衛隊を廃止するかいずれかの主張を選択するべきであろう。

憲法学者の多くが、今回の安倍政権による憲法解釈の変更を立憲主義の否定ととらえている。しかしながら、彼らの大半は、政府が憲法解釈を変更すること自体には、反対していない。それでは、どのような場合に憲法解釈の変更が「立憲主義の否定」になるのか。あるいは、メディアの過去二〇年間における、自衛隊のPKO参加に対する立場の変化、そしてかつては自衛隊違憲論が大勢であったのに、個別的自衛権の行使を合憲とみなし、自衛隊の廃止を主張しない姿勢。これらをどのように考えればいいのか。

†オーウェルの怒り

メディアや知識人が目立たぬかたちで立場を転換することや、イデオロギー的な偏向に基づいて報道をしていることは、二〇世紀を代表するイギリスの作家、ジョージ・オーウェルが最も嫌悪したものであった。そのような嫌悪感が、オーウェルの政治評論ではしばしば噴出している。

かつては、イギリスの帝国主義、そしてファシズムやナチズムを嫌悪していたオーウェルであったが、スペイン内戦への義勇軍としての参戦の経験を経て、イギリスの左派系新聞やメディア、知識人があまりにも現場を知らず、あまりにも無責任な言論を繰り返すことに憤りを感じた。しだいに、そもそも社会民主主義に強い共感を示していたオーウェルは、真実をねじ曲げて、非人道的な政治を顧みることのないソ連全体主義への敵意を募らせていった。その結果、オーウェルは左派系メディアから敬遠される存在となってしまった。当時は、多くの左派系メディアや知識人が、ソ連の社会主義体制を理想的なものと観て、一定ていどの共感を示していたからである。

オーウェルは、そのようなメディアの偽善と不誠実さに怒りを感じた。かつては、戦争を嫌悪して、平和的に紛争を解決することを絶対的な正義として語っていた左派系新聞が、スペイン内戦がはじまるとむしろ、ファシズムに対して武器を取って戦うことを煽《あお》るようになったからである。暴力を用いてでも、社会主義の理念が実現されるべきと考えていたのだ。それゆえ、オーウェルは「スペイン戦争回顧」と題するエッセイにおいて、次のようにその怒りをぶつけている。

「イギリスのインテリがただひとつ信じていたものがあるとすれば、それは戦争に対する暴露的解釈、つまり戦争とは死体や便所ばかりで、なんのよい結果も生まないという説であった。ところが、一九三三年には、状況によって祖国のために戦う覚悟だなどと言えば憐れむような冷笑を浮かべたその同じ連中が、一九三七年には、負傷したばかりの兵士が戦線に戻らせろと叫んでいるという『ニュー・マスィズ』の記事はまゆつばものだなどと人が言えば、たちまちトロツキー＝ファシストだと言ってきめつけたのである。しかも左翼インテリがこうした『戦争は地獄』から『戦争は栄光』への切り替えをするに当たって、なんら矛盾を認識しなかったばかりか、中間過程といったものさえほとんどなかったのである。その後も、彼らの大部分は何度か同様の大転換をやってのけた」（『オーウェル評論集1　象を撃つ〔新装版〕』川端康雄編、平凡社、二〇〇九年所収、六〇－六一頁）

ジョージ・オーウェル

オーウェルの言葉は激しい。オーウェルは、イギリス国内の軽薄で不誠実な、ころころと立場を変える左派系メディアに対する軽蔑を隠さなかった。オーウェルは、スペイン内戦において、共産主義者の残虐な行為が覆い隠され、歪められて報道されている様子を見て、そのジャーナリストについて次のような皮肉を語っている。すなわち、「私ははじめて、嘘をつくことが職業である人物に出会ったが、なんとその人のことを人々はジャーナリストと呼んでいるのだ」。

†現実への無知

オクスフォード大学教授の歴史家であるティモシー・ガートン・アッシュは、オーウェルの政治評論集の序文の中で、オーウェルがこのように書いたのは、「彼が自らの目で見てきた現実を、イギリスの左派系新聞全般が、歪めたかたちで報道していることへの嫌悪感の反映であった」という（Timothy Garton Ash, "Introducion", Peter Davison, *Orwell and Politics* 〔London: Penguin, 2001〕, p. xii）。ガートン・アッシュによれば、オーウェルが最も嫌悪していたのは、「おそらくは暴力や専制である以上に、不誠実であった」という。ではなぜ、新聞はそのように、偽善的で、安易に立場を転換し、不誠実になったのか。ガートン・アッシュによれば、「新聞や、ラジオや、テレビにおいて事実が歪められて報じられるのは、部分的には覆い隠されたイデオロギー的な偏向がそこにはあるからであり、同時に、商業的な競争や、読者や視聴者を『楽しませる』という冷酷な必要性があるからであろう」。

そして、そのような記事を通じて、一般の人々がそこで報じられている内容を「正義」と思い込み、義憤に駆られ、感情的な判断をするようになる。オーウェルは語る。

「大衆に関するかぎりは、最近しばしば見られる世論の急激な転換も、スイッチのように点滅する感情も、新聞やラジオによる催眠作用の結果である。しかしインテリの場合は、それは金と身の安全が保障されているためだと言えよう。彼らはときによって『主戦』になったり『反戦』になったりするが、いずれの場合にも、現実の戦争がどういうものか知らないのである」(「スペイン戦争回顧」前掲『オーウェル評論集』六一頁)

オーウェルは、戦争の現場を知り、その悲惨さを自ら体験した。だからこそ、現場を知らずにロンドンで安易な言葉を並べる左派系メディアに、強い怒りを感じたのであろう。

それでは、われわれはいま、どのような時代に生きているのか。そして、日本のメディアは現実に存在する安全保障環境を適切に理解して、それを自らの政治的イデオロギーや、政治的立場とは切り離して、冷静かつバランスよく報道しているのだろうか。

†二一世紀の世界に生きる

われわれはいま、新しい二一世紀の時代に生きている。それは、七〇年以上前の、国民が総動員体制により徴兵制を通じて戦争に動員されて、悲惨で非人道的な戦闘を行った太平洋戦争の時代とは異なる。二一世紀の世界では、主要国が協力して国際テロリスト・ネットワークに対抗する必要が生じて、各国の軍が対テロ政策の情報を共有し、国境を越えた脅威に対応するための国際協調を深めることが不可欠となっているのだ。そして、こうした新しい時代にふさわしいように、従来の安全保障法制を整備しなおすことが、今回の安保関連法の主たる目的であったのだ。そのような日本政府の行動を、国際社会が歓迎するのは当然である。

また、われわれは、各国の装備がネットワーク化されて、それがつながることで多様な情報を共有し、効率的に危機へ対処することが必要な時代を生きている。ネットワークによって結びつけられた、いわゆる「ネットワーク・セントリック・ウォーフェア（NCW）」の時代に必要なのは、各国が必要な情報を提供し、それを共有することで、強固な国際協調体制を確立して、それにより国際社会において平和と安定を維持することである。だが、そのような国際協調を進める上で、対テロ政策に関する情報を共有するだけでも、相手側が紛争当事国である場合は「武力行使との一体化」となってしまうことがある。従来の解釈では集団的自衛権の行使と評価されることにより、憲法違反とされかねない。

テロリズムを企てる国際テロリスト・ネットワークの活動に関する情報を共有するだけで、どうしてそれが集団的自衛権の行使となり、憲法違反となり、戦争へ進む道となるのか。そのような情報を入手できないことで、テロリストが日本国内で大規模なテロリズムを実行するのを看過することが、本当に「平和主義」の名に値するのか。そのようなテロリズムが東京で起きたときに、それを阻止するための法整備を食い止めた「平和主義」の運動をする人々は、それによる人命の損失の責任をとれるのか。われわれは、新しい時代に生きている。一国主義的な思考を脱ぎ捨てて、新しい時代にふさわしい思考を備えることが重要だ。

一九四五年の太平洋戦争の時代に止まるのではなく、また一九九二年六月のPKO協力法案に「牛歩戦術」で抵抗した時代に止まるのでもなく、二〇一六年という現在の時代へ、つまり未来の世界へと戻ってこようではないか。まさに「バック・トゥー・ザ・フューチャー」である。

「催眠作用」から覚醒せよ

それでは、現代の世界でどのように平和を実現すべきか。そして、自国の安全をどのように確保すべきなのか。日本の安全保障を考えるうえで、冷戦時代と何が同じで、そして冷戦後には何が変わったのか。これらを考えることが、本書の重要な目的である。

より具体的には、二〇一五年九月一九日に成立して、その半年ほどのちの二〇一六年三月二九日に発効した安保関連法が、日本の安全保障と東アジアの平和にどのような変化をもたらし、それを受けてどのように今後の平和と安全保障を考えるべきなのかについて、いくつかの示唆を提供することを目指したい。

一部のメディアや知識人が論じていたように、本当に安保関連法は立憲主義の否定なのだろうか。本当にそれによって、日本は安全を損なうことになるのだろうか。本当にこれから自衛隊は、頻繁にアメリカの要請によって海外で戦争を繰り返すことになり、それによっておびただしい数の日本の若者が戦場に送られることになるのだろうか。そして、日本政府は本当に、徴兵制を企てていて、国民を戦争に動員することを目指しているのだろうか。

オーウェルは、一九三〇年代のイギリスの新聞や知識人が、事実を歪めて報道して、「覆い隠されたイデオロギー的偏向」を読者に浸透させることを優先する現実に、強い軽蔑の感情と疑念を示した。そして、そのようなメディアや知識人の言葉に不信感を抱き、「新聞やラジオによる催眠作用」で、人々が感情にまかせて政治を語る様子を批判した。

オーウェルは「なぜ私は書くか」というエッセイのなかで、次のような言葉を記している。「私が本を書くのは、あばきたいと思う何らかの嘘があるからであり、注意をひきたい何らかの事実があるからであり、真っ先に思うのは人に聞いてもらうことである」（前掲『オーウェル評論集』一一七頁）。

政府は嘘をつくことがある。同時に、新聞などのメディアも嘘をつくことがある。われわれは、そのどちらの嘘も見抜く力を身につけなければならない。二〇一五年に繰り広げられた安保論争は何だったのか。ほんとうに真実が語られていたのか。それを振り返ることは、それなりに意味のあることではないだろうか。

本書では、そのような問題意識を背景として、歴史的視野から、平和のための条件、そしてあるべき日本の安全保障政策を考えていきたい。

Ⅰ 平和はいかにして可能か

2015年8月、国会前の安保関連法案反対デモ(photo © EPA=時事)

1　平和への無関心

†暑い夏の熱い論争

二〇一五年の夏は、政治を語るうえでとても熱い季節となった。

二〇一五年五月一四日に、政府は安保関連法案を閣議に提出して、これ以降九月一九日に参議院でこの法案が可決されるまでの間、国会の内外で賛成派と反対派による激しい論争が繰り広げられた。国会周辺や首相官邸前には、法案の成立を阻止すべく、それに反対する人々が集会をしたり、またプラカードを掲げて政府の行動を阻止しようとしたりした。他方で、安倍晋三首相は国会で繰り返し答弁の場に現れて、なぜこの法律が必要であるのかを懸命に説明した。両者の間の主張は平行線をたどり、人々は大きな関心をもってその議論の行方を見つめていた。これほどまでに安全保障法制の問題へと国民の関心が寄せられることは、まれであった。

第一次安倍政権で、「安全保障の法的基盤の再構築に関する懇談会」、いわゆる「安保法制懇」の最初の会合が開かれたのが二〇〇七年五月一八日であった。したがって、それからすでに八年もの年月が経ったことになる。八年間とは、日々、安全保障環境が大きく移り変わりつつある現代の世界において、けっして短い時間ではない。

満州事変が勃発してから第二次世界大戦勃発までが八年間。他方で、日本国憲法公布から、サンフランシスコ講和条約が調印されて日本が主権を回復し、自衛隊を創設するまでもまた八年間。「八年間」という期間が、短すぎるとはいえないであろうし、それだけの年月があれば国際環境も大きく変転する。国際的な危機や戦争は、それほどのんびりとわれわれを待っていてくれるわけではない。

それゆえ、法案成立へ向けた政府の動きが拙速であるという批判、またより慎重で時間をかけた審議が必要だという批判は、この「八年間」という期間にこの問題をめぐってなされた議論の総量を考えると、あまり的を射た批判とはいえないように感じる。第一次安倍政権で安保法制懇の議論がスタートして、第二次安倍政権で安保関連法が採択されるまで、二度の安倍政権を含めれば、六人の首相が統治を行った。

†平和を叫ぶ人々

第二次安倍政権が成立して、二〇一三年二月七日に安保法制懇が再開されると、集団的自衛権の行使容認や、日本のあるべき安全保障法制についての論争が再燃した。

この間に、安保法制に反対して、平和を叫び、平和を求める多くの人々に共通のことがある。それは、真摯《しんし》に平和を求め、心底戦争を嫌悪することに何の疑いもない一方で、それではどのようにして実際に平和を確立し、戦争を防止するかについて、驚くほどまで、その具体的な政策措置をめぐる提案が不明瞭であるということである。それは、政府に対する批判、とりわけ保守的な政治家とみなされていた安倍晋三の政権に対する批判であっても、現在われわれが直面する安全保障上の脅威や懸念に対する実効的な代替案を示しているわけではなかった。

それは怒りや嫌悪という激しい感情の赤裸々な発露である一方で、実際に世界でいままさに行われている戦争や、実際に戦争を止めて平和を確立させようとする和平交渉に対しては、驚くほど冷淡である場合が多かった。

そこで疑問が浮かび上がった。なぜ彼ら、彼女らは、現在実際に世界で起こっている戦争で、無実の女性や子供たちの生命が奪われている現実にほとんど関心を示そうとせず、それを食い止めるための努力をしないのか。安保関連法を廃止にするということと、ウクライナでの戦闘が終結するということ、シリアで「イスラム国」が戦闘をやめるということとの因果関係は不明である。

安保関連法を廃止にすることと、世界中のすべての国々が戦闘をやめることとは、もちろん直接的な因果関係はない。また、憲法九条があることで、あらゆる諸国がその軍事力を用いて日本を威嚇《いかく》することをやめ、日本に対する敵意を消失させるわけではない。国際社会で戦争が起こっていたり、人道的な危機が生じていたりするならば、それ自体を適切に理解する努力が必要であるし、その地域で平和が回復して人道危機が改善するように、日本は何らかのかたちでの努力をするべきであろう。

安保関連法に反対するその運動に参加する人々を見ていると、確かにそれは戦争を嫌い、平和を求める運動である一方で、現実の世界でいま起こっている戦争について驚くほどの冷淡さを示すことが多い。それは、ロシアが武装勢力を通じてウクライナの主権を侵害することを批判したり、シリアやイラクなどでテロリストの武装勢力である「イスラム国」が一般市民を殺戮《さつりく》していることを非難したりするような、アメリカやヨーロッパ諸国における平和運動とは、似て非なるものである。

アメリカやヨーロッパでは、実際に殺戮を繰り返すロシア系武装勢力や「イスラム国」の戦闘員を批判しているのだが、日本では実際の殺戮を行っておらずむしろ国際社会と協調してそれらの残虐な行為を非難している政府を激しく批判しているのだ。この違いは、何なのだろうか。どれだけ日本の政府を批判しても、日本の国外で現在行われている残虐行為、非人道的行為、戦闘行為がやむわけではない。

二〇世紀の世界で、平和運動は多くの諸国でこれまで見られてきた。たとえば、一九二〇年代から三〇年代に、イギリスやフランスは国際連盟規約の条文に基づいて軍縮義務を実行したが、それによってヒトラーのドイツによる侵略を食い止めることはできなかった。また、一九七〇年代に西欧諸国の国内で平和運動が活発化して、それに支えられて米ソ間での緊張緩和に基づいて軍縮と軍備管理が進んだが、そのことがソ連のアフガニスタン侵攻を妨げることにはならなかった。

現在の日本において安倍政権の政治を批判したところで、世界で行われている戦闘や殺戮がやむわけではない。日本が安保関連法を廃止することが、どのようなかたちで日本をより安全にするのか、そして国際社会の平和を確立するのか、不明だ。

もちろん、平和主義の思想の価値がないというわけではないし、平和を求める運動が不要なわけでもない。だが、安保関連法に反対する人々は、それを「戦争法」と罵り、「アベ政治を許さない」と叫びながらも、具体的にいったい何に怒っているのか、何に反対しているのかが、不明確であった。いったい彼らは、そして彼女らは、何に怒っているのか。そして、どのようにして平和を実現しようと試みているのか。

†戦後史の中の安保論争

安保関連法に反対する人々は、平和を求めて、戦争に反対している。安保関連法を成立させた安倍政権もまた、同じように、平和を求めて、戦争に反対している。どちらかが間違っているのだろうか。あるいは、どちらも間違っていないのだろうか。

前者は、今回の法律を成立させれば、アメリカが将来に行う戦争に日本が巻き込まれて、国民の安全が脅かされると懸念している。他方で、後者は現状の安保法制では十分に国民の生命を守ることができず、状況が悪化している東アジアの安全保障環境下で平和と安定のために日本が責任ある役割を担うことができないと考えている。

なんと奇妙なことであろうか。安保関連法に反対する人も、賛成する人も、同じ目的を抱いている。ところが今回の安保関連法をめぐる論争は、双方がともに十分に相手の論理を理解することができないなかで、相手を侮蔑し、批判している。実質的な対話が欠如している状態が続いているのだ。同じ目的を共有しながら、これほどまでに激しい反目が続いている。両者の間にそのような溝が横たわっているのは現在の日本を取り巻く安全保障環境をめぐる認識が異なるからである。まずは、その溝が何なのかを理解して、その溝を埋めない限り、不毛な論争が持続するであろう。

このような日本の安全保障をめぐる論争は、戦後史の底流として、あるいは戦後政治の通奏低音として、持続的に続いてきたとみるべきであろう。

一九五一年九月にサンフランシスコ講和条約を締結する際には、保守派はアメリカをはじめとする西側諸国を中心として早期に講和を実現することが優先されるべきと考えた。たとえソ連をはじめとする共産主義諸国政府からの代表が参加していなくとも、講和条約を締結すべきと考えていた。他方で、革新派にとって日本が提携すべき相手は、資本主義国家で帝国主義的であるアメリカなどではなく、「平和勢力」であり、日本が目指すべきモデルとしてのソ連、あるいは共産主義国家となった中国であった。したがって、サンフランシスコ講和条約と同時に日米安全保障条約（旧安保条約）を締結した際には、革新派は激しい抵抗を示したのだ。

同じようにして一九五四年に自衛隊が成立した際には、主権国家として自国を防衛するためにも、またMSA（相互防衛援助）協定に基づいてアメリカからの要請に応えるためにも、政府は自衛隊創設が日本の安全保障のためには必要なものとみなしていた。しかしながら、革新派を中心とする政治勢力や知識人はそれを憲法違反で日本の安全をむしろ脅かすものと考え、日本はそれよりも国際的な信頼や国連という組織、あるいは外交によってこそ自国の安全を確保すべきと考えていた。それはまた、日本を取り巻く国際環境をめぐる大きな認識の違いに基づいたものであった。

その後も、一九六〇年には、安倍首相の祖父にあたる岸信介《のぶすけ》首相が、日米安全保障条約をより対等な内容へと改定する決断をした。このことが、アメリカとの同盟関係の強化につながって、日本がアメリカの戦争に巻き込まれるとの批判が広がり、国会周辺には大規模なデモが広がり、岸首相の退陣を求める激しい怒号が鳴り響いた。

†安保論争の本質

はたして、日本が十分な防衛力を整備して、アメリカとの同盟関係を維持することで、自国の安全と地域の平和を確保できるのか。あるいは、自衛隊を憲法九条違反だとして廃棄して、さらにはアメリカとの同盟関係も解消してこそ、平和を手に入れることができるのだろうか。これこそが、戦後長らく日本政治における重要な論争の対立軸となっていた。

かつては平和を破壊して、日本の安全を脅かすと言われた安保条約も、自衛隊も、安保改定も、結果としていずれも日本の安全を脅かすことはなかったし、それによって東アジアの平和が崩壊するということもなかった。日米安保条約と、在日駐留米軍、自衛隊は、今から振り返ってみれば、戦後日本の安全と東アジアの平和と安定を守ってきたということができるだろう。そのことが、実際に、自衛隊や日米同盟に対する国民の高い信頼へと帰結したと考えられる。今では国民のおよそ八割から九割が自衛隊を信頼すると回答しており、それは日本の政府の組織としてはもっとも信頼度の高い組織といえる。

だとすれば、戦後の安保論争についてはすでに結論が出ているといえるかもしれない。自衛隊も日米同盟も日本の安全や地域の平和に資するものであり、そのことはアメリカの大統領や国務長官、そして日本の首相、外相、防衛相の言葉によって、繰り返し語られている。それだけではなく、日本の主要紙も、その現実をいまでは受け入れているようだ。もはや日本政治において、自衛隊廃止を求める政治的主張も、日米同盟廃棄をもとめる政治的主張も、国民の多数を形成してそれが実現される見通しは小さい。

したがって、現在の安保関連法をめぐる論争は、かつてのように自衛隊の存在を憲法違反としてその廃棄を求めるものでもなければ、日米同盟を日本国民の安全を脅かすものとして否定するものでもない。それらを受け入れることが国民のコンセンサスになっているなかで、それを今後どのような方向へと導いていくかが、大きな争点となっているのだ。すなわち、われわれが現状で満足して、今いる場所にとどまっているべきなのか。あるいは、日本を取り巻く安全保障環境が悪化している以上、それにあわせて日本の安保法制も変えていくべきなのだろうか。これこそが、現在われわれが向き合っている安保論争の本質である。

†感情的な怒号を超えて

そのような、安保論争の本質に向き合うことなく、お互い相手を罵りあい、相手を嫌悪して、悪魔であるかのようにその言説を抹殺しようとすることが、多くの国民がこの過程に失望感と、不信感を抱くようになった理由ではないだろうか。だとすれば、われわれはもう一度冷静に、お互いの主張に耳を傾けて、日本が平和を実現する上でのもっとも適切で、もっとも必要な方法を、国民的議論で見出す努力をする必要があるのだろう。

安全保障政策は、国民の生命と地域の平和を大きく左右する、政治においてもっとも重要な領域の一つのはずである。しかしながら、われわれは、中学や高校においても、さらに大学においても、多くの場合に安全保障を学ぶ機会を得られずに、安全保障研究（security studies）の基本的な概念や、研究の潮流、そして現在の課題などについて触れる機会がない。

先進民主主義国において、政治のレベル、国民のレベル、メディアのレベルでこれほどまでに安全保障政策をめぐる論争が理性的に行われていない国家は少ないし、またこれほどまでに安全保障の理解が国民に浸透していない国家も少ない。ところが、それを深く理解していなければ、自国の独立を維持し、安全を確保することは難しい。

日本の場合にそれをしないですんだのは、圧倒的な規模の核戦力と通常戦力を有するアメリカの同盟国であり、その米軍が大規模に駐留する日本に対して、いかなる国も武力を用いて威嚇をしたり、侵略をしたりしようとは考えなかったからだ。すなわち日本に対して侵略をすることは、日米安保条約五条が機能する限りにおいて、侵略国の自滅を意味する。

アメリカによる庇護は、日本において安全保障に関する研究や理解が普及することを妨げる効果をもたらした。その帰結として、人々がその分野の学問的な背景を学び理論的な基礎を知ることから遠ざけられているとすれば、ただ印象操作に基づいて大きな声を感情的に叫ぶしかない。

もしもより大きな声を叫ぶことで、日本を取り巻く安全保障環境が好転して、日本国内で国際的なテロリスト・ネットワークがテロリズムを起こすことを断念し、中国や北朝鮮がより理性的かつ建設的に日本との間の懸案事項について交渉を行うというのであれば、私も街頭に出て大きな声を叫びたいと思う。また、もしも日本の市民が大きな声で叫ぶことで、シリアでの内戦が終結して難民流出が止まり、そしてウクライナのロシア系武装勢力も戦闘をやめて平和を確立しようと心を入れ替えるのであれば、私も大きな声で叫びたいと思う。

しかしながら、残念にも、われわれがどれだけ大きな声で叫ぼうとも、彼らはアラビア語、中国語、朝鮮語、ロシア語であれば理解できるかもしれないが、日本語を理解することはできないだろう。そして、仮に彼らがそれらを理解したとして、それによって自ら理想や主張を放棄して、ただちに戦争をやめる決断には至らないだろう。

つまりは、どれだけ感情的になって、大きな声で平和を叫んでも、そのことがそのまま平和をもたらすとは考え難い。まずは、そのことを知ったうえで、それではどうしたら平和を実現できるのかを考えるべきではないか。

†どのように平和を実現するのか

現代の平和と安全保障を考えるうえでは、国連憲章を基礎に考えることが不可欠である。いかなる主権国家といえども、それを無視して独りよがりに平和や安全を語ることは許されない。日本もまた国際社会の一員である以上、また国連加盟国である以上は、国連体制下での平和の実現と安全の確保を行うことが求められている。

したがって、安保関連法に反対して、安倍政権の安全保障政策に反対する人々もまた、自らの平和論や安全保障政策論を説く際にあくまでも国連憲章との整合性を前提にして、それらを語ることが必要だ。

それでは、国連憲章二条四項で掲げられて、現在国際社会で定着しつつある武力不行使原則と、憲法九条一項で掲げられる戦争放棄の理念を、どのように整合させたらよいのか。その二つの理念の間にはどのような共通点が見られ、どのような違いが見られるのか。また、国連憲章四二条で掲げられている集団安全保障措置に、日本はどのように向き合うべきか。自衛隊法七六条における防衛出動の要件と、国連憲章五一条における自衛権行使の要件と、どのようにこの二つを関連づけて整合させるべきか。

また、冷戦後の国際社会で定着しつつある国連PKOにおいて、日本はどのようにそこに関与して、どのような協力を提供するべきか。さらに、国連において合意され、二一世紀の国際社会においてこれまで重視されてきた「人間の安全保障」や「保護する責任」という新しい人道主義の理念に対して、日本はどのように向き合うべきか。

これらの問題ひとつひとつが、国際社会における平和と安全保障を求める動きと結びついている。だが、「戦争法反対」を叫び、国会の前で太鼓をたたき、ラップ調のコールで平和を希求するSEALDsの運動に参加している学生諸君は、はたしてこれらの国連憲章上の措置に対して日本政府がどのように対応するべきだと考えているのか。ぜひとも自らの考えを教えてほしいと思う。そして、彼ら、彼女らの考える平和主義の理念と、私が考える平和主義の理念、そして戦後七〇年という時間をかけて醸成されてきた国際社会における平和主義の理念の間に、どのように共通項があり、どのような違いがあるのかを確認したいと思う。

われわれに求められているのは、抽象的に「平和」という言葉を叫び、「戦争」を嫌悪することではない。そのような叫びや嫌悪感だけでは、平和を確立することもできないし、戦争を防ぐこともできないことを、われわれは歴史の中で学んできた。そして、もっとも強く平和を求める心が広がっていたときにも、平和が崩れ、戦争が迫ってきたことを知っている。第一次世界大戦後のオクスフォード大学の学生団体が、国王陛下が決断するいかなる戦争にも協力しないという声明を出しても、そのこと自体がヒトラーによる侵略行為を防ぐことはできなかったと知っている。

現代のわれわれにとって重要なのは、具体的にどのように平和を確立して、どのように戦争による被災に苦しむ人たちに支援の手をさしのべるかである。

†「戦争法」は戦争をもたらすか

そもそも、安保関連法に反対する人々が「戦争法」と罵倒するその法律とは、いったいどのような内容なのだろうか。そしてそれに反対する人々は、その「戦争法」の具体的にどの部分に懸念を抱き、反対をしているのか。

ここでいう「安保関連法」とは、二〇一五年五月一四日に政府が閣議決定した、「我が国及び国際社会の平和及び安全の確保に資するための自衛隊法等の一部を改正する法律」（いわゆる「平和安全法制整備法」）と、「国際平和共同対処事態に際して我が国が実施する諸外国の軍隊等に対する協力支援活動等に関する法律」（いわゆる「国際平和支援法」）の二つの法律を指している。

前者は、一〇本の既存の法律の改正法であり、後者はこれまでなかった法律の新規立法である。合計一一本の法律に関する審議が、安保関連法に関する審議であって、反対派はおそらくそれらに反対していると考えられる。

今回の審議が混乱し、国民からの批判や不安が広がった一つの理由が、あまりにもこれらの法律が複雑で、技術的で、全体像が不明確で、そしてそもそもそれらを必要とする論理がかならずしも首尾一貫していなかったことによる。いわば、これらの法律を推し進めた側が、「同床異夢」であったのだ。

自民党保守系議員の一部は、日本が主権国家として「普通の国」になることを期待し、他方で公明党は平和主義を擁護する政党として可能な限り「歯止め」や抑制を加えようとした。また、二〇一四年七月一日の閣議決定の論理を技術的に構築した内閣法制局はあくまでも、従来の政府解釈を継承することを最優先して、「法的安定性」の維持を重要視した。外務省国際法局は、安保法制関連の日本の国内法を可能な限り国際法や国際的な基準と整合するようなものにして、国際的な責任を充足できるようなものとすることを目指した。

このように安保関連法の起草過程において、アクセルとブレーキを同時に踏み、国内的要請と国際的要請をそれぞれ同時に満たそうとする混乱が見られた。さらに、自衛隊からの実際の運用上の要望にも可能な限り配慮しようとしている。それによって、きわめて全体像のつかみにくい、パッチワークの法律となってしまった。ただでさえ、自衛隊法やPKO協力法はその実質が、自衛隊員や防衛省、外務省関係者、そして安全保障専門家以外には理解が難しくなじみの薄い内容であるのに、それをパッチワークで改正しようとするのだから、混乱して分かりにくいのも当然と言えるだろう。

†安保関連法の何に反対するのか

私が疑問なのは、安保関連法を批判する人々が、いったいこの複雑な、複合的で、パッチワークの法律に対して、いったいどの部分を批判しているのか分からないことである。ぜひとも教えてほしい。はたして反対派のどれだけ多くの人が、彼らが「戦争法」と呼ぶこの法律を、実際に読んでいるのだろうか。そしてその条文や、そこで用いられている概念を正確に理解しているのだろうか（安保関連法の内容については、第Ⅳ部3「安保関連法と新しい防衛政策」を参照）。

もしもそれらを実際に手にとって読んでおらず、それらを理解していないとすれば、それはまるでいちども会ったことのない人、どのような人物かをまったく知らない人を、「悪魔」と決めつけて、恐れ、おののき、嫌悪することと同じではないか。なぜ会ったこともないのに、その人を「悪魔」と決めつけることができるのか。なぜ読んだこともない法律が成立することが、日本を戦争に導くと断定できるのか。

そして、法律が成立した二〇一五年九月一九日以降に、実際に日本は戦争をするような国になって、アメリカが行う戦争に巻き込まれる可能性が高まっているのだろうか。もしも、安保関連法が成立した二〇一五年九月一九日以降も、日本では平和主義の理念が維持されており、民主主義が機能しており、立憲主義が尊重されており、戦争国家になっていなかったとしたら、反対派の人々の主張は間違っていたのか。そして、それを煽ったメディアの一部はいまの日本が本当に、立憲主義が機能しておらず、民主主義が否定され、平和主義の理念が失われた、危険な軍国主義的な戦争国家だと考えているのか。そして、本当に二〇一五年九月に、それまでの戦後日本の安全保障政策が否定されたと、今でも本気に考えているのだろうか。

首相官邸前や、国会周辺に集まって、「戦争法」に反対し、「アベ政治を許さない」と叫んでいる反対派の人々は、何に怒っていて、具体的に何を許さないとして、何を止めようとしているのか。何を危険だと考えていたのだろうか。

それは安倍政権の倒閣運動なのだろうか。安倍政権を倒閣したとしても、それを引き継ぐであろう後継の自民党と公明党の連立政権がすぐさまこの安保関連法を廃止にするとは考えられない。あるいはそれは、自公連立政権からの政権交代を求める運動なのだろうか。だとすればそのエネルギーは、個別的な法律の成立時ではなくて、総選挙の際に発揮させるべきではないだろうか。あるいは、その法律自体への批判なのだろうか。

法律自体への批判だとすれば、合計一一本の法律のすべての条文に反対なのか。そのなかで実現する必要性のある条文は一つもないのか。そのなかでもっとも反対すべき条文はどの箇所なのか。そして、この法律を廃止にすることで、本当に日本は平和を楽しむことができるのか。法律の廃止と、平和の確立とは、どのような因果関係にあるのか。

安保関連法に至る政府の進め方に批判的な立場にある場合であっても、法律の一部については肯定的に評価をする声も存在する。

たとえば、集団的自衛権の行使の一部容認を認める政府解釈の変更に批判的な立場であった阪田雅裕元内閣法制局長官も、次のように述べて、安保関連法の一部に対しては肯定的な評価を示している。すなわち、「法案で評価できるのは、国連平和維持活動（PKO）の見直しで、地域の治安を維持するなどの業務を拡大し、武器使用基準も見直すことだ。『PKO5原則』の下で、地域の治安維持に責任を持つことは、過去の自衛隊の実績から考えても可能であり、国際社会での評価向上にも繋がる」（読売新聞政治部編著『安全保障関連法――変わる安保体制』信山社、二〇一五年、二〇一頁）。

法律の全部を否定して批判するということと、そのなかで従来の政府の憲法解釈の変更を伴う部分のみを否定し批判するということとは異なる。

†現実の政治が変わらなかった理由

つまりは、いったい反対派が何に反対しているのか、私には分からないのだ。その主張は、あまりにも多様であり、あまりにも不明瞭であり、あまりにも抽象的で、あまりにも混沌としているのである。その多様性と混沌こそが、運動の情熱があれだけ激しかったのに現実の政治が何も変わらないという帰結の大きな理由なのではないだろうか。法律の具体的にどの部分を変えたいのか、あるいはどの部分に批判的なのかが明確でなければ、何も変わらないのは当然であろう。ぜひとも、安保関連法成立の阻止に動いた人々は、いったい自分が何に「反対」なのか、その具体的な内容を明らかにしてほしいと思う。

というのも、彼らが戦争に反対して、平和を希求しているというのであれば、私自身と同じ立場だからだ。私も戦争に反対であり、政府は平和主義の立場を堅持すべきと思っている。だが、それゆえにこそ私は、たとえ多くの問題点や欠点が含まれているとしても、安保関連法が必要だと考えている。問題点や欠点は、今後法改正で修正していけばよいと思う。というのも、この安保関連法が成立することで、日本はよりいっそう平和のために貢献できるようになるし、日本国民はよりいっそう確実に平和を楽しむことができるようになると考えているからだ。

だから、安保関連法が成立して、ただちに日本が戦争に巻き込まれるようになるなどとは、私は考えていない。そして、二〇一五年九月一九日にこの安保関連法が成立しても、日本が戦争に巻き込まれる恐怖や懸念は、まったく見られない。戦争に巻き込まれるどころか、アメリカ政府の一部の高官が、日本の自衛隊が南シナ海で警戒監視活動を常続的に行うことに期待をほのめかしながらも、日本政府はそのような任務を引き受けて、自衛隊の活動範囲を広げることを明確に否定している。反対派は、日本政府がアメリカからの要請を拒絶できるはずはないと繰り返し論じていたが、実際にこのようにして南シナ海での警戒監視活動のような任務を明確に否定しているではないか。

†本当に平和を実現させたいのか

はたして、二〇一五年の五月から九月まで、国会周辺でのデモや、日本の各地で安保関連法に反対した人々は、ほんとうに平和を実現させたいと思っていたのかどうか、私は疑問に感じている。

もちろん私は、平和を求める彼ら、彼女らの誠実さ、真摯さ、情熱にはいっさいの疑念も持っていない。そうではなくて、戦争を終わらせて平和を実現させるということと、日本が戦争に巻き込まれずに、日本国民が戦争の被害を受けないということは、似て非なるものである、という当たり前のことを確認したいだけなのである。

たとえば、戦後七〇年を超えて、日本は戦争に巻き込まれず、日本国民が直接的に戦争の被害を受けるということはなかった。しかしながら、日本人が平和と安全の恩恵に浸っているその間にも、世界では、第一次インドシナ戦争、第一次中東戦争、朝鮮戦争、第二次中東戦争（スエズ戦争）、ベトナム戦争（第二次インドシナ戦争）など、ここではとうてい書き切れないほど多くの戦争を経験してきた。そしてそこでは多くの人々が犠牲になってきた。戦争だけではない。世界中で多くのテロ、内戦、暴動、虐殺などにより、無数の、何の罪もない人々の命と、幸福を求める夢が、儚くも奪われてきた。

それらの戦争や内戦がどれだけ勃発しようとも、そしてそこでどれだけ多くの命が失われようとも、このときに日本国内でわれわれは、平和と安全に包まれた日々に恵まれ、幸福に包まれた生活を享受してきたのだ。戦争を防止し、勃発した戦争を終わらせて、平和を確立するということと、日本がそのような戦争に巻き込まれないということの間には、巨大な断絶が横たわっている。前者は基本的に政治的な行為であるのに対して、後者は基本的に政治的な無関心と無為を意味する。

もしもわれわれが本当に戦争を嫌悪して、平和を愛するとすれば、戦後七〇年の間に勃発した数々の戦争、たとえば朝鮮戦争や、三度のインドシナ戦争、四度の中東戦争、中ソ紛争、フォークランド戦争、そして湾岸戦争、九〇年代のユーゴスラビア戦争、コソボ戦争など、数々の戦争を食い止めるために私たち日本人は何をしてきたのか。そしてそれらの戦争を終わらせる和平交渉で、日本はどのような提案をして、どのような役割を担ってきたのか。

そもそも、政治的にそのような関与をしないとしても、われわれ日本人はそれらの戦争からどのような教訓を学んできたのか。そして、平和を実現する困難、そしてその重要性を、実際に行われてきた和平交渉からどのように学んできたのだろうか。

朝鮮戦争、ソウルで戦う国連軍

私たち日本人は、これらの戦争が行われている間、冷酷なほどの無関心を示してきて、それらの戦争が終結するための外交交渉に冷酷なほど距離を置いてきた。日本政府が、これらの戦争を終わらせるために外交のイニシアティブを発揮したことはほとんどない。なぜ、その戦争で苦しんでいる人たちを救済しようとしなかったのだろうか。なぜそれらの地域で平和が回復することを、手伝わなかったのか。

もう一度、繰り返したい。われわれ日本人は、本当に平和を求めているのだろうか。本当に戦争を嫌悪しているのだろうか。あるいは、ただ単に日本人が戦争に巻き込まれたくないだけであり、ただ単に日本人が戦争の被害を受けたくないだけであって、ただ単に日本人が戦争の現場から遠ざかっていたいだけなのだろうか。それは、グローバル化の二一世紀の時代にふさわしくない、自国民の安全のみを切り離して考える国家主義的かつ利己的な思考というべきである。

もしもそうだとすれば、日本人が戦争に巻き込まれないならば、たとえそれ以外の諸国の人々がどれだけ殺戮されようが、どれだけ肉親や愛する者を失って苦痛を感じようが、どれだけ平和に飢えていようが、どうでもよいということなのだろうか。もしそうだとすれば、それはとても平和主義という尊い名で呼べるようなものではない。ただ単に、自分たちの命が恋しく、他人の命に関心がないという、冷酷な、自国中心主義的なエゴイズムにすぎないのではないか。平和とは普遍的であって、独善的であるべきものではないからだ。

†憲法前文の理想主義

思い出していただきたい。日本国憲法前文には、何が書かれていたのか。戦後まもない廃墟となった日本において、憲法を起草した人々が、何を求めて、何を感じていたのか。日本国憲法前文では、次のように書かれている。

「われらは、平和を維持し、専制と隷従、圧迫と偏狭を地上から永遠に除去しようと努めている国際社会において、名誉ある地位を占めたいと思う。われらは、全世界の国民が、ひとしく恐怖と欠乏から免かれ、平和のうちに生存する権利を有することを確認する」

それだけではない。次のような明快で強力な一文が含まれている。

「われらは、いずれの国家も、自国のことのみに専念して他国を無視してはならないのであって、政治道徳の法則は、普遍的なものであり、この法則に従うことは、自国の主権を維持し、他国と対等関係に立とうとする各国の責務であると信じる」

なんと美しい文章であろうか。二〇世紀前半の戦争と殺戮の時代を振り返り、そのような時代に幕を下ろして、平和の時代を確立し、普遍的価値として平和を世界に広めたいと考えた人々の、理想主義的な、熱い息吹が感じられる。

そのような日本人のかつての情熱は、どこかに消えてしまった。私は必ずしも、日本国政府が外国へと自衛隊を派兵して、軍事介入することを求めているわけではない。たとえば中東和平のために、日本が自衛隊を派遣して平和を実現できるなどと安易に考えているわけではない。私が求めているのは、二〇世紀後半の半世紀に、国際社会でどのようにして平和を確立させようとする努力がなされてきたのか、そしてそれにもかかわらずなぜ平和が崩れ戦争が勃発したのかということを、真摯に学ぶということの価値に多くの人が気づいてほしいということである。

私の専門は外交史であり、二〇世紀においてどのようにして平和が崩れ、どのようにして平和が回復してきたのかをこれまで研究してきた。しかしながら、安保関連法に反対する運動に参加する人々が、平和の価値を感じて、戦争勃発の原因を知りたいと考え、真摯に二〇世紀の外交史を学び始めたという話を、あまり聞いたことがない。

さらに私が求めているのは、「自国のことのみに専念して他国を無視してはならない」という日本国憲法の前文の精神に回帰して、そのために日本に何が可能かを真剣に考えてほしい、ということである。

いうまでもなく、憲法九条を擁して、平和国家としての理念を掲げてきた日本にとって重要なのは、何よりもまず平和的な手段で平和を確立するための努力をすることである。そして、法の支配や外交によって戦争を未然に防ぎ、あるいは戦争を終結させる努力をすることである。

戦後七〇年の歴史でわれわれが学んできたことは、軍事的手段で平和を実現することは、たとえ不可能ではなくとも、容易ではないということである。そして、軍事介入によって一時的に紛争を止めることができたとしても、それによる被害や憎悪によって再び戦禍がもたらされることが繰り返されてきたということである。軍事力を行使して平和を実現するということが、どれだけ難しくまた、どれだけ矛盾したことであるかを強調しても、強調しすぎることはない。軍事力の行使は、可能な限り回避することが最良なのであり、軍事力の最良の効用は抑止力として戦争を未然に防ぐことなのだ。

だとすれば、外交によってどのように平和の実現が可能なのか。また、外交によって可能なことと、外交によって不可能なことは何なのかを知ることが、不可欠となる。外交とは魔法と同じではない。あらゆる紛争や対立、摩擦、軍事衝突が、つねに対話と交渉で解決できるほど、人間社会は単純ではないのだ。われわれは日々の生活の中で、つねに対立や摩擦に囲まれている。

日本人がもしも、他国の戦争に巻き込まれたくないと考えて、どれだけ他国民が殺戮されようとも無関心であり、自分たちの生命が守られて安全でいることを最優先に考えたいというのであれば、さきほど紹介した日本国憲法前文を改正するべきではないか。新しい憲法の前文では、「自国のことのみに専念して他国を無視すること」が日本国憲法の精神だと掲げればよい。また、「われらは、平和を維持し、専制と隷従、圧迫と偏狭を地上から永遠に除去しようと努めている国際社会において、名誉ある地位を占めたいと思わず、自国の安全のみを優先したいと思う」と書き換えればよい。

そうだとすれば、他国で行われている戦争に関心を示す必要もないし、国際社会全体の平和を望む必要もない。なんとも気楽で、なんとものどかな態度ではないか。もちろん、私はそのような不名誉、そのような無責任を求めることはしない。

†ウクライナとシリアでの戦闘を止めよ

もしも、そのように憲法の前文を変えるつもりがないというのであれば、われわれは、

「国際社会において、名誉ある地位を占めたいと思う」必要があるし、また、「自国のことのみに専念して他国を無視してはならない」のである。

だとすれば、二〇一五年夏に安保関連法に反対する人々が本来するべき必要があったのは、まさにそのときに殺戮と戦闘が行われているウクライナ東部とシリアで不幸に直面する人々に思いを寄せて、それらの人々が平和で安全な日々を享受するために何が可能かを、真摯に考えることであったはずだ。

たとえば、ウクライナ東部で戦闘を行うロシア人系武装勢力が戦闘を停止するように、ロシア政府が圧力をかけるよう要請するための運動を行う必要はなかったのか。ウクライナの領土であったクリミア半島を武力による威嚇に基づいて奪取したロシア政府に対して、クリミア半島をウクライナに返還するよう要求するべきではなかったのか。

あるいは、「イスラム国」が非人道的な殺戮と人権侵害を繰り返している中で、近隣諸国に難民が流出するに際して、日本国政府が率先してそれらの難民への支援により積極的な取り組みをするように外務省に要請するべきではなかったか。また、「イスラム国」に資金を送付して、その活動を支援するようなことがないように、国際社会に対してより強いメッセージを送る必要はなかったのか。さらには、アメリカ政府などが行うシリアなどでの空爆に際して、一般市民への誤爆による死者が出ることがないように、強い言葉を発する必要はなかったのか。

首相官邸の前で安保関連法に反対するデモに参加した人々の太鼓の音は、ウクライナやシリアで戦闘を継続するロシア人武装勢力や「イスラム国」の戦闘員の耳には届かない。そして、それらの太鼓の音や、安倍政権批判の叫び声によって、ウクライナやシリアで日々殺戮される子供たちや女性たちの魂が癒やされるわけでもない。ましてや、そのようなウクライナやシリアにおいて、無慈悲な殺戮に抵抗して、自らの家族や友人を守ろうと武器に手を取って抵抗をする人々に対して、日本国憲法を手渡して憲法九条の精神を教えて、武器を捨てるように説得しても、彼らの生命や安全が守られるわけではない。

平和主義の理念や、戦争放棄の運動も必要であろうが、それ以上に必要なのはいまこのときに行われている殺戮や人権侵害がやむよう、世界で何が起こっているかを知り、世界で何をなすべきかを知ることではないか。

2　新しい世界のなかで

†戦争という宿痾

「あなたは戦争には関心がないかもしれないが、戦争はあなたに関心をもっている」

これは、レフ・トロツキーの有名な言葉である。われわれがどれだけ戦争を嫌悪して、

レフ・トロツキー

それを否定して、そこから逃げようとしても、戦争がわれわれを追いかけてくるのだ。というのも、戦争をするには相手が必要だ。われわれがどれだけ強く平和を愛して、どれだけ強く戦争を嫌悪しても、地球上のすべての人々が同じように考えてくれるとは限らないからだ。

われわれに可能なことは、われわれが戦争をしな

いということであって、われわれが平和主義を擁護することである。他方で、われわれが外国の国民、外国の政府、外国の指導者に対して、戦争をしないように、そしてわれわれに対して武力行使をしないように強制することはできない。世界中のすべての人々が、戦争を憎み、平和を愛して、対話のみで理性的に問題解決をすると想定することは、あまりにも無責任なことである。だとすれば、われわれが十分な防衛力を備えて、日本を攻撃することがあまりにも不利益となり、不可能となるように思わせることが重要だ。それは、少しでも国際政治の歴史を学んだ者にとって、あまりにも自明なことである。

戦争とはそれほどまでに、しつこく、しぶとく、歴史の舞台に繰り返し浮上してくる。それにもかかわらず、二〇世紀においてわれわれは四度、戦争がこの地上から消えてなくなると期待したことがあった。

†永遠平和の夢

最初は、第一次世界大戦の前夜である。イギリスの経済学者で平和運動家のノーマン・エンジェルが、『大いなる幻想（*The Great Illusion*）』と題する書物を一九一〇年に刊行したときである。それは、経済的に相互に深く結び付いているヨーロッパ諸国が、もしも戦争に突入すれば破滅的な不利益を双方ともに被ることになり、もはや戦争が「大いなる幻想」に過ぎないと論じる内容であった。

人間の理性を深く信頼するエンジェルの希望を裏切って、その四年後に人類にとって未《み》曾《ぞう》有の殺戮を見ることになる。第一次世界大戦である。戦争は、それを嫌悪し、憎み、敬遠する人々の強烈な感情を嘲笑するかのように、われわれの社会を襲ってくる。

第二の希望は、国際連盟による平和である。第一次世界大戦中にアメリカのウッドロー・ウィルソン大統領は、二度と戦争が起きないような世界をつくるために、参戦する決断を行った。ヨーロッパ大陸で行われる戦争に、なぜわざわざアメリカが参戦する必要があるのか。大西洋で隔てられたアメリカにとって、自分たちが平和であればいいではないか。それに対するウィルソンの答えは、「戦争を終わらせる戦争（the war to end all wars)」である。

ウッドロー・ウィルソン

それまでの数々の戦争とは異なり、ウィルソンは戦争に参戦することで、地球上からあらゆる戦争をなくすことを希望した。すなわち、国家間の紛争を、理性的な討議により解決すべく、「人類の議会（Parliament of Man）」となるような国際連盟を創設することに情熱を注いだのだ。そして、ウィルソン大統領の懸命の努力の結果もあり、一九二〇年に国際連盟が創設された。それによって地上から戦争が消えてなくなるはずであった。しかしながら、人類はまたもや裏切られた。国際連盟創設から二〇年を待つことなく、世界は二度目の世界大戦を経験する。

第三の希望は、国際連合による平和である。第二次世界大戦も終盤にさしかかった一九四四年の夏に、ワシントンDCの郊外にあるダンバートン・オークス邸に、連合国のアメリカ、イギリス、ソ連、そして後には中国の政府代表が集まって、平和を確立するための「世界機構」を創設することで合意した。それは、一九四五年六月のサンフランシスコ会議で、国連憲章に署名することで、国際連合として成立することになった。

国際連盟の失敗の要因は、そこに主要な大国が加わっていなかったことと、大国に十分な責任ある地位を与えなかったこと、そして侵略が生じた際に軍事的な手段を用いずに、経済制裁と国際世論のみで平和を回復できると考えたことである。それらは平和を維持する上で、失敗に終わった。したがって、国際連合では、「五大国」であるアメリカ、イギリス、ソ連、フランス、そして中国に特別な責任を付与して、軍事的制裁を用いて侵略を阻止することにした。

ところが、「五大国」間の協調は、終戦後まもなく衰退していき、さらには明白な国家による「侵略」というかたちではない、間接的なかたちでの力を用いた現状変更がしばしば見られるようになった。冷戦は、長期にわたって大国間の戦争のない平和をつくったが、それでも朝鮮戦争やベトナム戦争、フォークランド戦争など、この時代も戦争には無縁とはいかなかった。

そして、四度目の希望は、冷戦終結後の平和である。人々は、大量の核兵器による抑止に支えられた、緊張溢れる冷戦の対立が幕を閉じたことを喜んだ。そして、冷戦後には、もはや戦争のない平和で豊かな時代が到来すると期待していた。ところが、湾岸戦争、ユーゴスラビア内戦など、冷戦後の世界で平和が定着することはなかった。人々は再び、戦争による破壊や、無慈悲な殺戮、相互の憎悪を目にすることになる。

このように人類は平和に裏切られ続けてきた。そして、どれだけ戦争を嫌おうが、トロツキーが語るように、戦争はつねにわれわれの世界から消え去ることはなかった。

永遠平和は夢なのか。

†変貌する戦争

プロイセンの軍人で、『戦争論』で高名なカール・フォン・クラウゼヴィッツは、かつて戦争をカメレオンのようにたとえて、つねに規模や状態が変化する様子を指摘した。したがって、われわれが戦争を嫌悪し、戦争をなくそうとし、戦争を理解したいのであれば、時代ごとに変遷するカメレオンのようなその姿をていねいに理解することが必要である。

われわれは第二次世界大戦後の世界で戦争を否定して、戦争を経験しなくなったことで、戦争の姿が大きく変貌していったことを理解するのが困難となった。日本人は、太平洋戦争での悲惨な歴史をあまりにも克明に学んでいるのに対して、戦後世界での戦争の実態をあまりにも少ない機会でしか学んでいない。

すなわち、われわれの戦争に関する理解は、第二次世界大戦とともに薄れてしまい、したがってわれわれが「戦争反対」を唱える際の「戦争」のイメージは、あまりにも現実とは乖離した、時代錯誤で、非現実的なものとなってしまっているのだ。たとえば、中東での「戦争」といえばそれは中東戦争であり、イギリスでの「戦争」がフォークランド戦争でありイラク戦争であり、バルカン半島での「戦争」がユーゴスラビア戦争であるということを十分に意識せずに、自らの経験と歴史にあまりにも強く依拠して戦争を想起する傾向がある。われわれにとっての「戦争」とは、いつでも太平洋戦争なのだ。現実の戦争がカメレオンのように色を変えるということを、知るべきだ。

戦争の変化を理解するのは容易ではないし、ましてや世界史的な視野で戦争がどのように移り変わったのかを認識するのは難しい。それは日本人だけの問題ではない。多くの人は、第二次世界大戦後の戦争の変化を、十分に認識できていないのかもしれない。戦争史研究の世界的な権威であるマイケル・ハワードは、その著書で次のように論じている。

「最初の二発の原子爆弾が、一九四五年八月、アメリカによって日本に落とされ。どちらもかなりの大きさの都市を全滅させ、両方で十三万人の人びとを即死させた。原爆は、ヨーロッパの国々がほんの付け足し的なものと考えていたヨーロッパ外諸国の間の紛争の終わりに、ヨーロッパ外の一国によってもう一つのヨーロッパ外の国に対して、使われた。これは、コロンブスとヴァスコ・ダ・ガマの航海が約五百年前に開いた、ヨーロッパの世界支配の時代の終わりを印した。原爆はまた、大衆戦争の終わりを、すなわち工業諸国の総動員された国民が互いに相手を圧倒することに全エネルギーを捧げる闘争の時代の終わりを記した」(『改訂版 ヨーロッパ史における戦争』奥村房夫・奥村大作訳、中公文庫、二〇一〇年、二一五-二一六頁)

戦争が、総動員体制で戦われ、国民が甚大な被害を受け、社会が根底から変容するのが、われわれが二度の世界大戦で経験したことであった。ところが、たとえばこれからの世界でドローン(無人航空機)を利用し、またサイバー空間での戦闘が中心になっていけば、それはわれわれにとっては目に見えにくい戦争となり、市民にとっては戦争をしていることと自体が実感できない場合さえあるだろう。過去一〇年間で、アメリカ政府は戦争における空間を、従来の「陸」「海」「空」に加えて、「サイバー空間」と「宇宙空間」も重視するようになった。

†新しい安全保障空間の誕生

したがって、安保関連法をめぐる議論を考える際にも、中国の軍事的台頭というような旧来的で古典的な安全保障認識だけではなく、サイバー空間や宇宙空間をめぐる安全保障認識もそこに含めなければならない。そのような空間を、今回の安保関連法と関係がないと誤解して、旧来的な古典的な安全保障認識を通じてこの法律を議論し、批判することが、今回の安保関連法をめぐる論争における最も大きな不幸であった。

すなわち、安保関連法の必要を説く者が、安全保障環境の未来を想定しているのに対して、安保関連法を批判する者が安全保障環境の過去を想定している場合が多かったのだ。今回の安保関連法を成立させる上で、重要な前提とすべき、二〇一三年一二月に採択された「国家安全保障戦略」の文書においては、「策定の趣旨」として、「本戦略は、国家安全保障に関する基本方針として、海洋、宇宙、サイバー、政府開発援助（ODA）、エネルギー等国家安全保障に関連する分野の政策に指針を与えるものである」と書かれているのに、安保関連法を批判する人々の議論を見るとそのような視点が完全に欠落していることが、あまりにも多かった。

サイバー空間や、宇宙空間が、日本の安全保障政策の領域として含まれるとすれば、もはや自衛隊の活動における地理的制約を考えることが、無意味となる。また、ドローンによる情報収集活動や防衛措置を行うとすれば、それまでとは異なるかたちで、防衛政策を考慮することが必要となる。安全保障環境の変化にあわせて、われわれの思考も変化させなければいけない。どこから、われわれの生活基盤を破壊するような脅威が訪れるか分からないのだ。

また、「国家安全保障戦略」では、「近年、海洋、宇宙空間、サイバー空間といった国際公共財（グローバル・コモンズ）に対する自由なアクセス及びその活用を妨げるリスクが拡散し、深刻化している」と書かれている。はたして、国際公共財を護るために日本政府が一定の貢献をした場合に、それは「自国防衛」と「他国防衛」のどちらに分類すべきなのだろうか。「国際公共財」である以上は、日本とまったく無関係ではないが、他方でそれは日本の主権が及ぶ地理的範囲を超えて広がっている。

†いま、「平和」とは何か

このようにして、われわれは新しい軍事技術を前にして、サイバー空間や宇宙空間が安全保障領域となった新しい世界のなかにいる。古い安保法制では、日本の安全を守り、国際社会の平和と安定の維持のために貢献する上で、十分なかたちで円滑に「法の支配」に基づいた行動をとることが難しい。それを、新しい安全保障政策へとアップデートすることが、今回の安保関連法の主要な目的であったのである。

われわれが好むと好まざるとにかかわらず、日々、軍事技術は進化して、新しい安全保障上の脅威に直面している。そして、新しい安全保障空間の中で、われわれは従来の地理的概念とは根本的に異なる思考方法で、戦略を考える必要がある。戦争を嫌い、平和を希求することは、平和国家の理念を掲げる日本にとって、正しいことである。ただし、その場合の「戦争」とは何なのか、そして「平和」とは何なのかをもう一度、冷静に考えてみる必要がある。それは、太平洋戦争のときと同じ戦争なのか。それは、憲法九条をつくった一九四六年と同じ平和なのか。平和のための条件は、七〇年前から変わっていないのか。

そのように考えたときに、はじめて今回の安保関連法が必要だと考えた政府の動きもより深く理解できるのではないか。それは、自衛隊を海外に派兵して、戦争に加わり、多くの人を殺すためではない。新しい世界に必要な、新しい平和をつくるために、国際社会の中でよりいっそう国際協調を強化するために、今回の安保関連法は重要な役割を担うのだ。

以上のような思考を出発点として、まず第Ⅱ部では、どのような場合に平和が失われ戦争が起こるのか、歴史の事例を通じて学ぶことにしよう。そのうえで、現代の安全保障環境がどのように変化しつつあるのかを、第Ⅲ部で具体的に観ていくことにしたい。

Ⅱ 歴史から安全保障を学ぶ

第二次世界大戦・ベルギーに侵攻するドイツ軍部隊(photo © dpa/時事通信フォト)

1 より不安定でより危険な世界

†変動する不安定な世界へ

いま、世界は流動化している。今までとは異なる種類の不安定性と、不透明性に直面しているのだ。われわれが平和や安全保障を考える上での前提が崩れつつあるのであり、そのことをまずは理解しなければ、現在の世界に必要な平和の基礎も理解できないであろう。

そのように変容しつつある国際秩序のなかで、日本人であるわれわれ自らがその変化の意味を理解し、主体的に関与をして、そしてどのような国際秩序が望ましいのかを示していく必要がある。日本は民主主義国である。したがって、国王やその官僚が一方的に外交政策や安全保障政策を形成していくのではなく、われわれ一人ひとりがきちんと外交や安全保障の基礎を理解した上で、選挙などを通じて自らの意思を表明しなければならない。その意思表明にはとても大きな責任が伴うし、その責任をきちんと自覚しなければならない。

そして、何よりも重要なことは、急激に変化する国際情勢の潮流を理解するのが、とても難しい時代に入ってきていることだ。

過去の二、三世紀のあいだは、国際政治の中心舞台は欧米で、大西洋がその中心の海洋であった。ヨーロッパの大国が、どのような行動をとるかによって、それがそのまま世界全体の秩序の行方に影響を及ぼしていた。たとえば、一九世紀末の日清戦争の後の三国干渉や、日本政府代表も参加したオスマン帝国崩壊後のローザンヌ会議での中東秩序の確定、さらには大戦後の朝鮮戦争など、それぞれの地域の秩序が形成される場合にも、ヨーロッパ諸国やアメリカの関与がきわめて大きな意味を持っていた。言い換えれば、国際政治における主体はアメリカやヨーロッパの大国であって、アフリカやアジアは国際政治の客体に過ぎなかった。

†「力の真空」が平和を壊す

かつて大西洋、ヨーロッパが国際政治の中心だった。冷戦時代においては、アメリカとソ連という超大国が、大西洋をまたいで向き合っており、大量の長距離弾道ミサイルと核兵器による相互抑止のもとで、安定的な平和を維持してきた。ところが現代では、アジア太平洋地域へと、世界政治の中心がシフトしたことになる。

そして、世界最大の軍事大国であるアメリカと中国が対峙するなかで、アメリカの同盟国である日本は意図せずしてその最前線に立っている。米軍の基地が日本にある。アメリカと中国が軍事的に正面から向き合うなかで、日本はその構造から地理的に逃げることはできない。たとえ日米同盟を破棄して、在日米軍基地から米軍が撤退したとしても、状況が改善するわけではなく、むしろ悪化するであろう。アメリカが長期間提供してきた抑止力が失われることで、東シナ海における中国海軍の動きはより活発となり、そこでの中国の日本に対する態度がより強硬になることは確実である。

そのことは、冷戦終結後の一九九一年にフィリピンのスービック海軍基地から米軍が撤退して、さらには同様にクラーク空軍基地からも米軍が撤退したあとに、南シナ海が「力の真空」となり、それを四半世紀かけて中国が制空権と制海権を確立した様子を見れば、疑いようがないであろう。中国の軍事活動を抑止してきた米軍が撤退したあとに、中国が日本に対して友好的となり交渉を通じて譲歩を示すと想定することは、無責任であり非現実的である。

フィリピンの空軍基地と海軍基地から米軍が撤退したあとの南シナ海での中国の軍事活動を想起すれば、在日米軍基地から米軍が撤退したあとの東シナ海と日本周辺地域にどのような緊張がもたらされるのか、容易に想像することができる。日米同盟が崩壊し、日本の防衛力が弱体化すれば、東シナ海に「力の真空」ができて、中国の影響力が膨張するであろう。

海と空とその双方の空間において中国の軍事活動がより活発化していることで、日本の主権の及ぶ領域を護るために警戒監視活動を続ける自衛隊や海上保安庁は、日々、緊張にさらされている。朝鮮半島の南北分断と緊張が続き、中国がよりいっそう軍事力の増強と近代化を進めるなかで、日本政府はこの地域の平和と安定をつくるためのさらなる努力をしなくてはならない。

言い換えれば、日本は否応なくアメリカと中国が対峙する国際政治の最前線に立たされており、日本の平和と地域の安定を確保するための主体的な取り組みを真剣に考えなくてはならなくなっている。そのような緊張と困難から、目を背けてはならない。

†「共同体の体系」は可能か

それではアジア太平洋地域で、日本はどのように平和をつくることができるのだろうか。私はかつて『国際秩序』（中公新書、二〇一二年）と題する著書で、「国際秩序の三類型」を提示した。第一の体系は「均衡の体系」である。これは、力と力が均衡することで平和がつくられるような秩序である。第二の体系が「協調の体系」である。これは主要国の間で、外交協議や交渉を通じて合意を形成して、問題を解決するという枠組みである。そして第三の体系が、「共同体の体系」である。これは、その地域において主権国家が統合をしてひとつの共同体をつくり、価値と利益を共有したその共同体のなかで平和と安定を維持するような秩序である。

この「国際秩序の三類型」を手がかりに東アジアを見ていこう。まず東アジアでは、いまだに共同体は確立していない。

かつて、一九九七年に通貨危機に襲われた東アジアで、ＡＳＥＡＮ首脳会合に日本、中国、韓国の三国が参加して、「ＡＳＥＡＮ＋３」を形成したことが、東アジアでの地域協力が発展する重要な契機になると期待された。さらに、一九九九年のＡＳＥＡＮ＋３首脳会合で、韓国の金大中大統領が将来の東アジアにおける地域協力の可能性を検討するための民間有識者による会合の設立を提唱し、「東アジア・ビジョン・グループ」（EAVG）が組織された。

このEAVGは二〇〇一年一一月のブルネイでのASEAN＋3首脳会合で、「東アジア共同体へ向かって」と題する報告書を発表して、このイニシアチブが政治レベルでの動きにつながることを提唱した。そしてその翌年の二〇〇二年一月に、小泉純一郎首相はシンガポールで開かれた日・ASEAN首脳会議の際に、「共に歩み共に進むコミュニティ」を構築するというかたちで、東アジア共同体をつくるためのイニシアチブを発揮した。これらを受けて二〇〇五年からはASEAN＋3が中心となり東アジアサミット（EAS）を開催し、東アジアの問題を協議するようになった。

これまで国際政治学者の間でも、外交実務家の間でも、「東アジア共同体」という言葉がしばしば用いられてきた。そして、二〇〇〇年代はEAVGの報告書や、小泉首相の演説、そして東アジアサミットのスタートを受けて、比較的楽観的な未来像が語られることが多かった。この地域では、経済的相互依存が拡大して、域内貿易の比率はEUに近づくほどまで高まっていった。この地域の将来の平和は、「東アジア共同体」を形成することで実現することができると期待されていた。

†中国とどのようにつきあうか

ところがこの地域においては、価値観、認識の違い、歴史問題をめぐる対立や摩擦が容易には解消されず、むしろそれがさまざまなかたちで政府間の協力を阻害している。そして想定外であったのが、このような地域協力が進んで中国の関与についての楽観主義と期待が膨らんでいたなかで、中国が歴史上に見られぬほどの速さで軍備増強を進めたことであった。さらには、そのような強大化した軍事力を背後に、威嚇をともなって、南シナ海で現状変更を進めていた。

二〇〇二年にＡＳＥＡＮと中国の間で、「南シナ海における関係国の行動宣言」（ＤＯＣ：Declaration on the Conduct of Parties in the South China Sea）が合意されていた。双方ともに、国連憲章や、国連海洋法条約や、東南アジア友好協力条約などを尊重して、力を用いた現状変更をせずに、南シナ海の領土問題に関しては平和的な解決を目指すことで意見が一致した。しかしながら、よく知られているとおり、ＡＳＥＡＮ諸国内で中国に対する楽観論が浸透することを横目に、中国は一方的な措置で現状変更を続けた。そして、こ

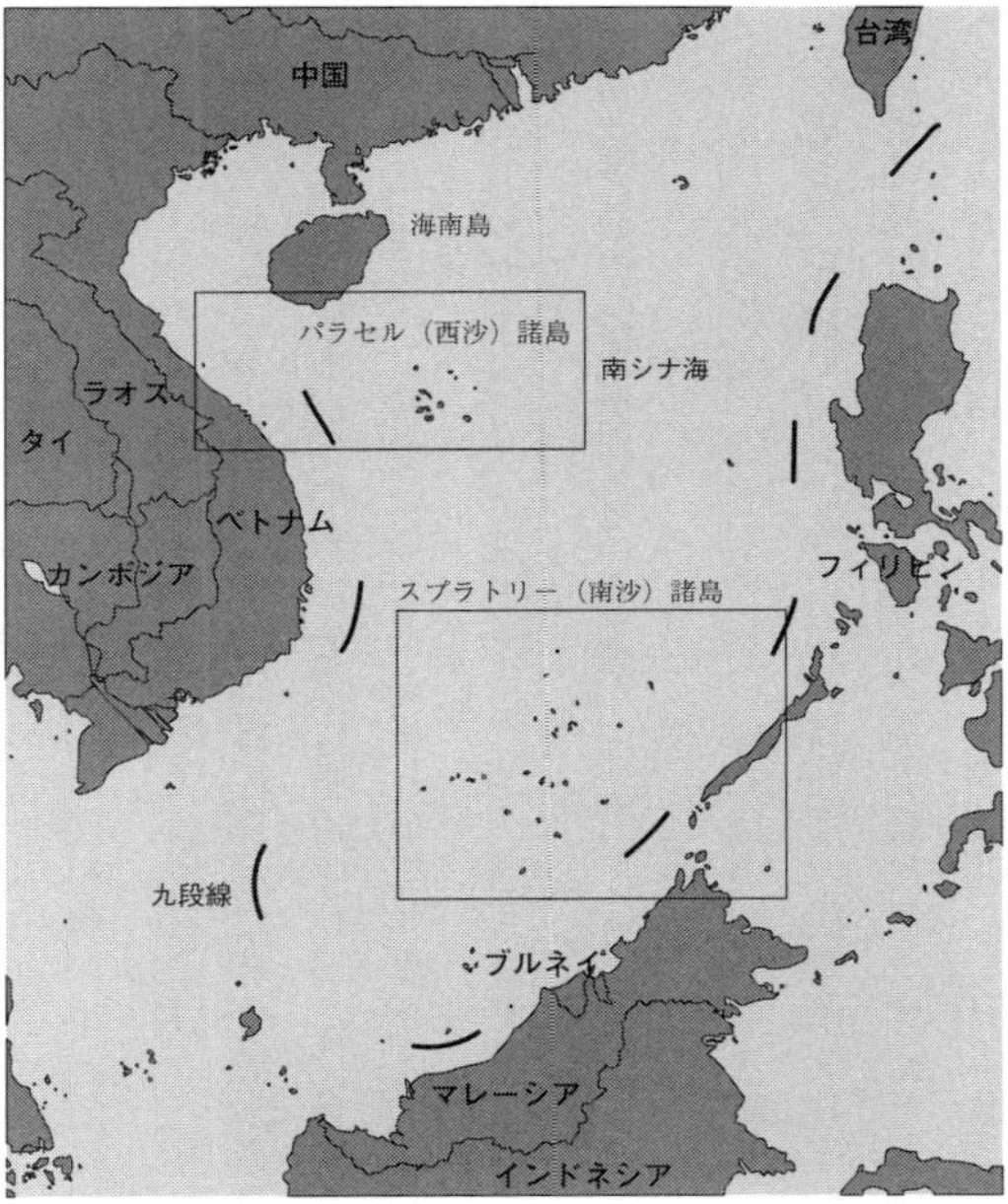

南シナ海・九段線

の南シナ海の「九段線」と呼ばれる中国の要求する地域の内側で、埋め立てや滑走路、港湾施設の建設を続けて、軍事化とこの地域の支配を確立してしまった。期待は裏切られた。

同様のことは、東シナ海でも起こっている。二〇〇八年六月に、「戦略的互恵関係」を基礎に協力を深めつつあった日中関係を基礎として、東シナ海を「平和・協力・友好の海」とするために、「東シナ海における日中間の協力について」と題する日中共同プレス発表が行われた。日本国内では、中国に対して、そして日中関係の将来についての楽観論が広がったこともあり、これ以降には日本から中国に対する民間企業の直接投資が加速的に増大していく。

ところがそのわずか半年後の二〇〇八年一二月八日に、それまでに一度も見られなかった中国公船による尖閣諸島周辺海域の領海侵犯が確認されて、それ以降は現状変更を目指す中国公船の領海侵犯の数が一気に増えていった。日本側の日中友好への期待は裏切られた。さらには、この頃から従来よりもかなり強いトーンで、尖閣諸島が歴史的にも国際法的にも中国の領土であるという一方的な主張を繰り返すようになった。

†鳩山政権の対中政策に欠如していたもの

「戦略的互恵関係」の精神を壊さないように、日本政府からの批判が比較的抑制的であった一方で、中国は東シナ海における軍事活動を活発化させていく。そのように、中国が対外政策の指針を変更して、南シナ海同様に東シナ海でも強硬な態度を示し、一方的な措置をとるようになりはじめたまさにこの時期に、日本政治に変化が生まれた。日米関係よりも日中関係を優先することを示唆する、鳩山由紀夫民主党政権が誕生したのだ。

政権交代によって誕生した民主党政権の下で、鳩山首相が中国に対して友好を希求する姿勢を示すようになった。ところが、日本の対中態度が軟化したことを横目に、中国は尖閣諸島に対する自らの要求をよりいっそう強硬に主張するようになる。そのような、中国の対日政策が強硬になるまさにそのときに、日本では日中協力を前提とした外交を構想するようになった。それがいかに非現実的で、空虚な構想であったかは、その後の日中関係が悪化の一途をたどったことを考えれば、明らかといえる。国際政治の歴史を学んだ者であれば、一方的な善意や友好感情が、必ずしもいつも二国間関係の改善をもたらすわけではないことを、知っているはずだ。

外交は、相手がいなければ行うことはできない。そして、相手の行動を理解し、洞察し、それを前提にして政策を立案しなければならない。

ところが、鳩山政権における対中政策は、相手の善意への期待と、楽観的な将来像に依拠して、日中関係改善が可能と考えた。しかしそれは必ずしも、中国内政への緻密で現実的な認識を前提にしたものではなかった。この時期の日中の友好関係を前提とした外交は、それを中国が受け入れてはじめて可能となる。

この時期の中国は、アメリカやロシアなどの大国との協力関係を維持しながらも、中国が考える「核心的利益」をそれまで以上に強く擁護して、周辺国に対しては領土などの主権に対して従来以上に強い態度に出る姿勢を示し始めていた。そのような中国政府にとって、価値を共有するような「東アジア共同体」を構築することは、必ずしも外交において優先度の高いものではなく、また外交の不可欠な前提でもなかった。中国は、それに同調する様子を示すことはなかった。

この地域の最大の軍事大国である中国が、シンガポールやラオスや、韓国のような周辺国と、対等な関係で、条約に基づいた合意を遵守する意志がなければ、そもそも「東アジア共同体」を構築するのは難しい。現在のこの地域における軍事的な緊張や、領土紛争、イデオロギー対立、そして歴史認識をめぐる軋轢《あつれき》を考えると、「東アジア共同体」が今すぐ実現可能なわけではなく、また長期的に実現可能な条件がそろっているわけでもないことが分かる。そのような、現在存在しないものを前提にして安全保障政策を考えるわけにはいかない。「東アジア共同体」は、それがたとえ望ましいものであったとしても、あくまでも長期的に実現すべき目標であるに過ぎない。

†大国間協調の難しさ

では「協調の体系」はどうか。

そもそも、日中関係や日韓関係ですら、しばらくの間、首脳会談さえ開けない状況が続いてきた。そしてASEAN、東アジアサミットで南シナ海の問題を協議することを中国は嫌い、あくまでも二国間で解決すべき問題として、議題にすること自体を拒絶している。

このような中で、東アジアにおけるさまざまな安全保障問題を、多国間の外交交渉で解決することは困難だろう。経済問題や、環境問題などは、多国間の枠組みで外交協議を行うことで、さまざまな成果が生み出されてきた。しかしながら、各国とも妥協が難しく、国内世論も強硬な領土問題や安全保障問題で、多国間での合意を生み出すのがいかに難しいかということは、朝鮮半島の非核化をめぐる六者協議の停滞を見ていても、理解できるだろう。

一九世紀前半のヨーロッパでは、「ヨーロッパ協調《コンサート・オブ・ヨーロッパ》」と呼ばれる、大国間の協調枠組みが成立していた。そこでは、ナポレオン戦争後のヨーロッパの領土問題などについて、イギリス、フランス、オーストリア、プロイセン、そしてロシアという五大国間の外交協議によって解決することが目指されていた。この枠組みは一九世紀半ばまで引き継がれていき、大国間の大規模な戦争に至りそうな困難な領土問題のいくつかが、この大国間協調の枠組みで解決されている。

この「ヨーロッパ協調」が可能であったのには、いくつかの理由があった。

第一には、イデオロギー的な同質性と、政治体制の共通性などによって、大国の間ではある程度の価値の共有が見られていた。第二には、この時代には外交制度や国際法が限定的ながらも発展していって、職業外交官によって、利益と理性に基づいた交渉による合意が可能な条件が整っていた。第三には、ナポレオン戦争の記憶からも、長期間にわたる悲惨な戦争の被害が記憶に色濃く、人々は同じような戦争が再び起こることを、強く嫌っていた。

そして第四には、もっとも重要であるが、この時代には一定ていど、「勢力均衡」が機能していた。たとえば、ナポレオン戦争でフランス帝国が巨大な脅威となれば、それ以外の四大国が対仏大連合を組み、均衡を回復させようとした。また、クリミア戦争でロシアが東地中海での影響力を膨張させようとすると、フランスとイギリスはオスマン帝国とさえも協力して、その膨張主義を防ごうとした。

このようにして、この時代の平和は、価値の共有や、外交制度の発展のみならず、勢力均衡という基礎によってはじめて成り立っていた。政治指導者や外交官たちは、国際政治

ナポレオン戦争、ワーテルローの戦い

において軍事力が持つ重要性を十分に理解していた。力の均衡を否定することで平和を実現するのではなく、力の均衡を基礎として平和を実現しようとしたのである。

ところが、現代の東アジアに目を向けると、圧倒的な中国の国力を前にして、それ以外の諸国によって均衡を形成することは難しい。かつて、二〇世紀初頭のヨーロッパにおいて、もはや均衡を成立させることができなくなるほどドイツ帝国の国力が強大になったときに、イギリスとフランスはアメリカの参戦に頼って、そしてさらにはイギリスは同盟国日本の協力に頼って、グローバルな勢力均衡を成立させようとした。

今の東アジアでは、アメリカの影響力の後退が見られ、また日本の国力の衰退が語られている。かつては日米同盟が圧倒的な「公共財」として、この地域の安定を担保していた。しかしながら、急速な中国の軍備増強を前にして、もはや日米同盟だけで均衡を回復できるほどには楽観できなくなった。ましてや、もしも新しい大統領のもとでアメリカが日米同盟を破棄して、在日米軍を撤退させたとすれば、日本単独で自らの四倍以上の軍事費を誇る中国に対抗するのは至難の業である。

それだけではない。中国は台湾や日本に到達する短距離および中距離の核兵器の搭載も可能な弾道ミサイルを、いまや東シナ海の対岸に大量に配備している。短距離および中距離ということになれば、それはアメリカに向けられたものではなく、台湾や日本に向けられたものであることが分かる。そのような脆弱性と危険性に直面して、米軍が危険な最前線である沖縄から撤退しようとしても不思議ではない。

†東アジアの国際秩序

このように、この地域ではかつてないほど巨大な勢力均衡の変化が起きている。簡単に述べれば、中国の国防費は過去二六年間で約四〇倍、過去一〇年間で約四倍となっている。その間に日本はゆるやかに防衛費を削減してきた。それだけではない。かつては日本の圧倒的な優位にあった軍事技術についても、いまでは多くの領域で中国が優越した状態にある。そして、その軍事力の格差は、今後よりいっそう開いていくだろう。かつてナチス・

ドイツの周辺国がその圧力に屈して、また戦後ヨーロッパで東欧諸国がソ連圏に組み込まれたように、中国の圧倒的な国力を前にしてそれに迎合する諸国が増えていっても不思議ではない。

つまりこの地域においては、「東アジア共同体」が依然として形成されておらず、また領土問題や安全保障問題を大国間協調で解決することも難しく、さらには勢力均衡も崩壊している。そこに、この地域の不安定性の要因が潜んでいる。

「均衡の体系」、「協調の体系」、そして「共同体の体系」の三つが調和的に融合したときに、もっとも安定的な国際秩序となる。他方で、この三つが機能していない東アジアは、きわめて不安定な状態にあるということを理解しなければならない。「共同体の体系」や「協調の体系」を実現するためには、それらの諸国が価値を共有して、深い信頼関係にあり、合理的な政策判断と外交的な妥協が可能な状況であることが必要だ。ところが、この地域ではそれらの条件が備わっていない。だとすれば、どれだけ脆弱であったとしても、われわれは勢力均衡の論理を基礎として、平和を構築することが必要である。

この場合に、勢力均衡を回復するためには、アメリカが東アジアにおいてこれまで通りの軍事的関与を継続して、同盟関係が維持あるいは強化されて、日本が自主的にある程度の国土防衛を可能とすることが不可欠である。近年の日本における安全保障政策と安全保障法制の進展は、そのような認識をひとつの背景としている。

そのことは、ヨーロッパと東アジアを比較すれば分かりやすい。ヨーロッパではEUというかたちで地域の統合が進んだ。また、欧州人権条約により基本的な価値が共有されて、さらにはOSCE（欧州安全保障協力機構）、欧州評議会（Council of Europe）、そしてNATO（北大西洋条約機構）のような国際組織が成立している。このようにして、ヨーロッパではNATOによってロシアとの勢力均衡が成立しており、またOSCEなどでヨーロッパの主要国が集まる外交協議の場が存在して、さらにはEUのように価値を共有する共同体が成立している。それらが複雑に結びつきながら、この地域の平和と安全の維持に貢献している。

他方で、NATOの外側に位置するウクライナは、ロシアの巨大な軍事力に基づいた圧力に抵抗することが困難となり、今でも内戦が続いている。ポーランドやバルト三国のように、NATOやEUに加盟した諸国と比較すれば、どれだけその外側で安全を確保し続けるのが困難なことか、理解できるだろう。かつてポーランドはウクライナとほぼ同じ経済規模だったのが、現在はウクライナの四倍ほどの経済規模へと成長している。

他方で東アジアにおいては、そのような多国間の協議体は成熟していない。宗教的、経済的、政治的な多様性が顕著なこの地域で、そのような統合された国際組織を成立させることはあまりにも困難である。だとすれば、日本は自国の防衛力によって国民の安全を確保して地域の平和に貢献すると同時に、日米同盟を基礎として中国の軍事的な台頭に対応しなければならない。それは、戦争の準備のためではない。戦争をしなくてすむような、十分な力を自ら身につけることで、軍事衝突につながるような挑発行動を相手にさせないようにするためである。

†不安定化の源泉

このようにして、現代の東アジアでは、共同体が成立しておらず、大国間協調が機能せず、そして力の均衡が崩れつつある。そう考えれば、いま日本を取り囲む国際環境が不安定化しているその理由が理解できるだろう。そしてそのような不安定性は、歴史的な視座から眺めると、より明瞭に理解することができるであろう。

歴史上、急激なパワーバランスの変化があったときに戦争が起こりやすい。急激なパワーバランスの変化とは、ある大国が急速に台頭する場合と、ある大国が急速に衰退する場合と、二つのタイプがある。均衡が平和をつくるとすれば、その均衡を維持することが外交の重要な目的とされるべきであり、そのような方針は長らくイギリス外交の重要な基本方針とされていた。

一七、一八世紀のルイ一四世の時代であれば、フランスが軍事力を増強し、巨大な覇権を確立しようとしていた。それに対抗したのが、イングランド国王のウィリアム三世であって、スペイン王位継承戦争はそのようなフランスの覇権の膨張を阻止する意味で、重要な転換点となった。

さらにナポレオンが巨大な軍事大国としてフランス帝国を確立したことで、それ以前の大国間の勢力均衡が崩壊した。そのようなフランスに対抗して、勢力均衡の論理から対仏連合を組んだのがウィリアム・ピット首相であって、その遺志を継いだカースルレイ外相であった。カースルレイがその成立に尽力をしたショーモン条約によって、イギリス、ロシア、オーストリア、プロイセンの四大国が大同盟（グランド・アライアンス）を組んで、強大なナポレオン軍に勝利を収めて、勢力均衡を基礎とした平和を回復した。

一九世紀後半には、ドイツが急激に力を増したことで不安定な時代へと突入している。この時期、オスマン帝国が衰退したことで、バルカン半島で力の真空ができた。そこにオ

スペイン王位継承戦争、ビーゴ湾の海戦

ーストリアとロシアの影響力が拡大していき、その両者の衝突が起こった。また、急激なドイツの台頭によって、イギリスやフランスは恐怖心を増していき、ドイツを包囲するような三国協商をロシアとともに形成した。そのような勢力均衡の崩壊と、「ヨーロッパ協調」の不在こそが、第一次世界大戦が勃発する大きな原因となったのである。

さらに第一次世界大戦後には、オーストリア＝ハンガリー帝国が解体した結果として中欧と東欧に巨大な「力の真空」ができて、それをナチス・ドイツのヒトラーが埋めようとしたことで一九三〇年代の後半に危機が連続した。もしもそこに、強大な軍事大国が存在していれば、ナチス・ドイツは東方に膨張することが困難となり、勢力均衡が成立したことで平和が保たれたかもしれない。

†アジアにおけるパワーバランスの変化

第二次世界大戦後のアジアでも同様のことが言える。アジアで起きた戦争は、国民党と共産党の内戦、朝鮮戦争、ベトナム戦争だが、すべて大日本帝国が崩壊した後に生まれた「力の真空」において勃発している。巨大な大日本帝国が崩壊したことは、その後の「力の真空」を埋めようとする勢力が浮上することにつながった。それは、共産主義勢力、西側諸国、そして現地のナショナリスト勢力であった。日本は、日本国内で平和を楽しむ一方で、自らが撤退した後の地域に「力の真空」が生じて、それを埋めようとする膨張主義的な、あるいは民族主義的な運動が、後の戦争につながったということにあまりにも無関心であった。

現在のアジア太平洋地域においても、巨大な地殻変動としての勢力均衡の変容が見られている。しかし、いま見られるパワーバランスの変化は、単に中国の急激な軍事的台頭が原因というわけではない。アメリカが軍事費を減らし、そして日本が「失われた二〇年」の間で東アジア地域への影響力を弱めたことも、その重要な要因となっている。すなわち、中国の急激な台頭と、アメリカおよび日本のこの地域における急速な影響力の低下が、平和を破壊する要因となっているのだ。日本が軍事力を削減することで、平和を破壊することもあるという現実を、真剣に理解する必要がある。もちろん日本が不注意で不必要な急速な軍拡をすることもまた、地域の安定を破壊することになるのはいうまでもない。

重要なのは、この地域の平和と安定に必要な勢力均衡がどのような性質のものであるかを、的確に洞察することである。その基礎として、中国が従来のように目的が不明瞭な急激な軍拡をすることの理由を、周辺国に説明しなければならない。もはや、中国を侵略して、植民地化しようとする大国は、中国の周りには存在しない。また、アメリカの衰退や、日本の没落という中国政府の認識こそが、中国がこの地域で冒険主義的で、膨張主義的な行動を起こす重要な要因になっていることも理解する必要がある。中国が軍事的に膨張をしても、それに対抗する勢力が存在しないならば、機会主義的にそのような膨張を加速するとしても不思議ではないだろう。

†外交に何が可能か

そのような不安定な時代にこの地域の国々はどうすればいいのか。もちろん、すべての諸国が国際法を遵守して、「法の支配」の原則を尊重し、あらゆる問題を平和的な手段で解決して、軍事力を用いた威嚇などをすることを控えるのが重要だ。しかしながら、外交交渉をするためには、相手国にその意志がなければならない。相手国が交渉を拒絶するとすれば、それほどできることは多くない。あるいは、相手が交渉を行う条件として、領土的な要求や、外交的な要求を行うとすれば、そのような要求に屈することは単に相手国に対して弱さを示す致命的な失敗になるばかりか、自国の国内世論がそれに対して感情的に沸騰して、より強硬な姿勢を示す可能性がある。

たとえどれだけ努力をしても、外交交渉で問題を解決できない、あるいはその機会が得られないこともある。だからといって、それによって国民の安全を守ることを放棄することは、責任ある政府には認められない。政府には、国民の安全と死活的に重要な国益を守る義務がある。

たとえば孤立した国家である北朝鮮が、よりいっそう軍事力に依存して自らのレジームを守ろうとしている。近年の核実験、ミサイル発射はその傾向のひとつなのかもしれない。一方、韓国は日本との関係を弱め、従来とは大きく異なる外交を展開し、台頭する中国に急速に接近し、中韓の緊密な友好関係に基づいて自国の繁栄や安全を確保しようとしている。それぞれの国が安全保障環境の変化に対して、バラバラの対応をすることで、さらに不安定化を加速させているわけだ。

国際秩序が不安定化しているもう一つの理由として、覇権国が不在であることにも言及しなければならない。

かつてアメリカは、東アジア地域に圧倒的な軍事力を駐留させていた。ところが、たとえば日本が保有している戦闘機の数と、アメリカが保有している日本およびアジアに配備された戦闘機の数との合計よりも、中国一国が保有している戦闘機の数がいよいよ上回ったとなれば、それは外交交渉にも大きな影響を及ぼす。単なる軍事費の規模だけでなく、現実の軍事バランスという点でも、あるいは実際に南シナ海や東シナ海の現状を見てみても、中国が軍事的にも経済的にも周辺国を圧倒しているという認識が固まりつつある。これからアメリカがあらためてこの地域に深く関与をして、覇権国の地位を回復できるのか、それとも中国がこの地域の新たな覇権国になるかによって、この地域の将来も変わってくるだろう。

†地政学の復活と日本の役割

東アジアの安全保障環境の変化の性質を考えると、新しい現象が起きていることがわかる。その特徴が、「地政学の復活」だ。冷戦の時代においても、地理が重要であることがしばしば指摘されてきた。しかし、グローバル化が進み、インターネットなどの通信技術が発展して、人々が自由に移動し、国境管理が関係ない世界になったとき、地政学はもはや無効だとされていた。

ところが最近では、再び地政学的な視座が復活しつつある。たとえばロバート・カプランが『地政学の逆襲（*The Revenge of Geography*）』という著書の中で、地政学が再び重要になっている現実を見事に描いている。また、ウォルター・ラッセル・ミードというアメリカの著名な外交評論家が、「地政学の復活（The Return of Geopolitics）」という論文を『フォーリン・アフェアーズ』誌に寄せて、地政学的な思考と政策が広がりつつある世界を描いている。

地政学が復活しているのであれば、われわれはどのように自らの戦略を規定する必要があるのだろうか。すでに述べたように、日本は期せずして、アメリカと中国という世界で第一と第二位の経済大国が対峙する最前線に位置しており、アジア太平洋地域が国際政治的にももっとも重要な地域になっている。だとすれば、世界第三位の経済力を持ち、アメリカの最も重要な同盟国である日本がどのような選択をするのかで、世界政治の行方が大きく左右されるであろう。それは、冷戦時代との、大きな違いである。

地政学の観点からすると、歴史的に半島がつねに重要なポイントになってきた。地政学の論理では、大陸国家と海洋国家が対立し半島で対立や戦争が起きる、という地理学者のハロルド・マッキンダーの世界観が重要な位置を占めている。

地政学的な論理に依拠すれば、伝統的な大陸国家はロシアや中国で、伝統的な海洋国家はかつてのイギリス、いまのアメリカである。大陸国家は陸から海へと自らの勢力を膨張しようとして、他方で海洋国家は海から内陸へと勢力を広げようとしてきた。したがって、この両者の膨張が衝突する場所が、半島となることが多かった。

一九世紀の世界では、大陸国家であるロシア帝国と、海洋国家であるイギリス帝国が、東地中海や、中東、中央アジアや、朝鮮半島などで、対立を繰り返してきた。単独で、東アジアにおける自国の権益を保持するのが困難となったという認識から、イギリスは日本との同盟を通じて利権確保を目指した。日本の朝鮮半島進出の一つの契機ともなった。

第一次世界大戦に至る時期のバルカン半島、冷戦時代の朝鮮半島やインドシナ半島と、いずれも大陸国家と海洋国家が影響力を膨張させて利害が衝突した、戦略的に重要な地域と認識されていた。現代では、大陸国家の中国が影響力を膨張させているなかで、海洋国家のアメリカが海洋における航行自由原則を主張して、自らの影響力圏の維持を試みている。朝鮮半島の重要性が高まっている背景には、そのような地政学的な現実が横たわっている。

日本の役割を確認しよう。地政学が復活したことによって、大陸の沿岸にある日本の地政学的な価値が高まっている。日本が何をするかによって、アジア太平洋地域全体の安定が揺らぎかねない状況になっている。それだけ日本は、大きな責任感を持って安全保障政策を考える必要がある。日本がアメリカとの同盟を強化するのか。それとも日米同盟を弱め中国と接近するのか。このことが、日本だけの問題ではなく、アジア全体にも影響を及ぼすことになっている。

われわれ日本人が、真剣に安全保障環境の変化を理解して、そして賢明に自らの安全保障政策を構想することで、この地域の平和と安定を維持することができるはずだ。それは、朝鮮半島、アジアだけでなく、今後の世界の行方を占う上でもきわめて大きな意味をもっている。

2　平和を守るために必要な軍事力

†ウェーバーの箴言

マックス・ウェーバー

マックス・ウェーバーは今から一世紀ほど前に、『職業としての政治』という短い書物のなかで、政治における倫理を「心情倫理」と「責任倫理」に分けて説明した。人々が、戦争を憎み、平和を愛するのは、いうまでもなく「心情倫理」に該当する。しかしながら、責任のある政治家は、そのようにして平和を願うだけでは十分ではない。責任のある立場で、実際に平和と安全を確保するための努力をしなければならないのだ。それこそが、

「責任倫理」であるとウェーバーは、次のように述べている。

「この世のどんな倫理といえども次のような事実、すなわち、『善い』目的を達成するためには、まずたいていは、道徳的にいかがわしい手段を、少なくとも危険な手段を用いなければならず、悪い副作用の可能性や蓋然性まで覚悟してかからなければならないという事実、を回避するわけにはいかない」（脇圭平訳、岩波文庫、一九八〇年、九〇－九一頁）

日本人の多くは、このウェーバーの力強い言葉に拒絶反応を示すかもしれない。なぜならば、多くの人は、「善い目的」のためには、「善い手段」のみを使うべきだと考えて、「道徳的にいかがわしい手段」や「危険な手段」を用いることに躊躇《ちゆうちよ》をするからだ。さらにウェーバーは、次のように続ける。

「この世がデーモンに支配されていること。そして政治にタッチする人間、すなわち手段としての権力と暴力性とに関係をもった者は悪魔の力と契約を結ぶものであること。

さらには善からは善のみが、悪からは悪のみが生まれるというのは、人間の行為にとって決して真実ではなく、しばしばその逆が真実であること。これらのことは古代のキリスト教徒でも非常に良く知っていた。これが見抜けないような人間は、政治のイロハもわきまえない未熟児である」（同、九四頁）

はたして、日本人はもう「政治のイロハもわきまえない未熟児」を卒業したのだろうか。あるいは、平和を願うという「心情倫理」のみで、現実の平和が到来すると考えているのだろうか。

†高坂正堯の警句

なぜ日本における議論はこれほどまでに視野《しや》狭窄《きょうさく》となったのか。国際的な常識を無視するようになったのか。それは、二〇世紀の国際政治の歴史を深く理解していないからではないだろうか。

国際情勢の潮流を理解できないこと、そして世界の動きを無視して自らの正義を語り、自らの利益に固執する国際主義の欠落こそが、日本が抱えていた最大の問題であった。国際社会を適切に理解することは難しいし、ましてや急速に変転する国際情勢の潮流を適切に認識することはさらに難しい。国際社会の潮流を理解する努力を怠り、自らの国内的正義が世界に通用すべきと横柄に語る姿は、戦前の日本の軍部の強硬派も、現在の日本の一部の平和主義者も、大きな違いはない。

戦後日本を代表する国際政治学者である高坂正堯《こうさかまさたか》は、その著書『国際政治』（中公新書、一九六六年）のなかで、「日本には孤立主義的な体質がたしかにあって、そのため国際社会の変化への対応がおくれ気味であることは否定し難い」と論じている。そのような「孤立主義的な体質」という病理は、戦前の日本を戦争に導き、そして現在の日本で独善的な一国平和主義を生み出している。孤立主義には甘美な誘惑がある。他者を無視して、自己の正義を語り、優越意識を楽しむ。

そのような「孤立主義的な体質」は、戦前の日本外交を誤った方向へと導いた。そして、日本は国際社会と敵対するに至った。その悲劇的な結末は、対米開戦であった。そのような戦前の日本の迷走はそもそも、第一次世界大戦の世界史的な意味を深く理解しないことから始まった。

†第一次世界大戦から脱線が始まった

今から一世紀ほど前、破滅的な悲劇をヨーロッパ世界にもたらした第一次世界大戦によって、その後の国際社会は大きく変わっていった。人々は二度と戦争の惨劇に陥らぬように、確かな平和を希求した。強い信念と意志に基づいた平和への希望は、国際連盟創設へと帰結する。

しかし日本人の多くは、そのような国際社会の潮流の変化にあまりにも無関心であり、無知であった。むしろ多くの人は、第一次世界大戦を、参戦することで自らの権益を拡張できる好機ととらえ、本格的に帝国主義的な政策を展開して日本の勢力圏を膨張させようとしていた。

井上馨

開戦の際、元老であった井上馨《かおる》は、次のように語っていた。「今回欧州の大禍乱は、日本国運の発展に対する大正新時代の天佑にして、日本国は直に挙国一致の団結を以て、此天佑を享受せざるべからず」。ヨーロッパにとっての未曾有の悲劇であり、巨大な禍《わざわい》であったのに、日本人の多くはそれを「国運の発展」のための「天佑」ととらえたのである。そこに国際社会の大勢と、日本との間に、無視することができない齟齬《そご》が生まれていた。

それを高坂は、次のように語る。「戦前の日本外交の失敗は、国際政治に対する日本人の想定と国際政治の現実とのずれに根ざしていたのである」。そのような「ずれ」は、のちに日本に悲劇をもたらすことになる。さらに高坂は、次のように続ける。「日本の政治家も国民も、平和への志向とイデオロギーという二つの要因が加えられることによって大きく変わった国際政治を正しく捉える想定をもっていなかった」。日本は第一次世界大戦後も、パワーポリティクスと帝国主義のイデオロギーは不変であり、それに執着して外交を展開すべきだと信じていた。それは誤りであった。国際連盟の創設によってパワーポリティクスに一定の桎梏《しっこく》を加えて、さらには民族自決のイデオロギーによってナショナリズムが台頭する契機となる重要性を、十分に理解できなかったのだ。

また、中国におけるナショナリズムの過激化が日本の対中政策を難しいものとしていき、さらに国際連盟規約が日本の大陸での軍事行動に制約を加えていたことも、国際社会における新しい変化であった。もしも当時の日本人の多くがそのような国際情勢の変化に対して適切に対応していれば、日本は国際社会の中で孤立の道を歩むことにはならなかったはずだ。

†なぜ集団的自衛権が必要か

第一次世界大戦を経験した国際社会は、軍事力を必要最小限まで縮小して、戦争によって紛争を解決することを慎むようになれば、平和を確立できると考えるようになった。そのような議論を主導したのがアメリカのウッドロー・ウィルソン大統領であり、彼の指導力によって国際連盟が一九二〇年に設立された。

この国際連盟では、軍事力に頼ることなく、国際世論や経済制裁に依存して戦争を防ぐことができると考えた。また、国際連盟が導入した集団安全保障体制においては軍事的制裁が含まれることはなかった。ウィルソン大統領は、「同じような意識と同じような目的を持って統一して行動したときに、われわれは共通の利益へ向けて行動し、共通の保護の下で自らの生命を守り、自由に生きることができるのです」と述べていた。これが、集団安全保障の精神である。

このようにして、国際連盟体制の下では、一国単位で国家安全保障を考えるのではなく、国際社会全体で平和と安全を守ることが望ましいと考えられるようになった。また、軍事力こそが戦争の原因であって、軍事力を必要最小限の水準まで縮小することが義務づけられた。一九二八年には、歴史上初めて戦争を違法化するケロッグ＝ブリアン条約が合意されて、これによって永久平和が確立すると考えていた。

ところがそのような平和は、もろくも崩れ落ちた。それを壊したのは、日本であった。一九三一年九月の満州事変の際の軍事作戦以降、日本は国際的な規範や国際法を無視して自らの勢力圏を拡張したのである。日本は、国際安全保障の論理、集団安全保障体制を傷つけて、自らの正義と自らの利益を最優先して戦争へ進んでいった。

日本の軍事行動によって、国際連盟による集団安全保障体制は崩れていった。連盟創設に尽力したイギリスの政治家のセシル卿は、国際世論と経済制裁のみで平和を維持できると考えた自らの姿勢を悔いて、次のように述べた。

「私は、非難や訴え、あるいは国際世論の力だけで平和を維持するという希望はすべて捨てた。これらの力は、国際問題に関して大きな影響力を持ってはいるが、かつて強力な国家が決意した戦争を防止することに成功したためしはなかった」（クリストファー・ソーン『満州事変とは何だったのか（下）』市川洋一訳、草思社、一九九四年、二四四頁）

その後も、ムッソリーニのイタリアはエチオピアを侵略し、ヒトラーのドイツはポーランドを侵略し、スターリンのソ連はフィンランドに侵攻した。それらの一連の侵略は、弱者が強者の餌食《えじき》となり、十分な防衛力を持たない国が自国国民の生命を守れない冷たい現実を明らかにした。これらの教訓から、国際連合では軍事的制裁や集団的自衛権の条項を導入して、十分な軍事力により戦争を抑止することで、国際社会における平和を求めるようになる。

†ベルギーの経験

ところが、ベルギーのような小国では、ナチス・ドイツやスターリンのソ連が擁する巨大な軍事力に対抗することがむずかしい。

そもそもベルギーは、国際法上の中立の地位に固執することで平和を維持できると考えていた。どちらの国にも加担することなく、中立の立場を宣言していれば、自国が侵略されることはないであろうと、いわば、国際社会の善意に依拠して、自国民の生命を守ろうとしたのだ。

ところが、第一次世界大戦でも、第二次世界大戦でも、ドイツはベルギーの中立という国際法上の地位を尊重することはなかった。ドイツはあくまでも、軍事的な効率性と必要性から作戦を立てたのであり、いちいちベルギーの有する国際法上の地位などに気を遣うことはなかったのだ。

このような経験から、ベルギーの政治指導者はそれまでの立場を改めることになった。十分な軍事力がなければ、自国の国民を守れないのだ。しかしベルギー一国では、十分な軍事力を備えることができない。それゆえ、ベルギーの外相であったポール＝アンリ・スパークは、自らが指導力を発揮して、一九四八年のブリュッセル条約により「西欧同盟」を形成し、さらには一九四九年には北大西洋条約によって大西洋同盟を形成することになった。NATO加盟国のベルギーは、冷戦時代も、冷戦後も、二度と侵略を受けることはなかった。

このような現実を見て、東欧諸国の多くがNATO加盟を求めるのは当然である。他方で、NATOに加盟できなかったウクライナが、ロシアからの圧力により自国領土であったクリミアを失い、さらには親ロシア派の武装勢力による攻撃を受けて、多くの国民の生命を奪われている。

二〇世紀の国際政治の経験から、多くの国は一国単位でなく、他国と協調するなかで集団的に平和と安全を維持できると考えるようになった。それはまた、それぞれの諸国が相互の不信感から個別的に軍事力を強化して、軍拡競争へと進むことを防ぐための、最良の措置でもある。それゆえに、国際政治学者のカール・ドイッチュは、大西洋同盟を見てそれを「安全保障共同体」さらには、「不戦共同体」と呼んだ。

集団的自衛権を軍国主義や戦争と結びつける思考は、明らかに二〇世紀の国際政治の経験を無視した思考であって、また国際社会の潮流を理解しない議論というべきである。感情のみで安全保障を語ることがいかに危険か。われわれは、「心情倫理」ばかりでなく「責任倫理」も視野に入れる必要がある。感情的に興奮して平和を叫ぶだけではなくて、平和と安全を得るために必要な要素を冷静に議論して、適切に理解しなければならない。そのために、歴史を学ぶことはわれわれに無数の示唆と教訓を提供してくれる。

どのようなときに平和が失われたのか。どのようなときに戦争が回避できたのか。「賢者は歴史に学び、愚者は経験に学ぶ」というビスマルクの言葉のとおり、二度と戦争を経験することなく、歴史を通じてわれわれは平和を学ぶ努力をしなければならない。

Ⅲ　われわれはどのような世界を生きているのか
――現代の安全保障環境

尖閣諸島・魚釣島沖を並走する中国の公船と海上保安庁の巡視船
（photo Ⓒ 朝日新聞社／時事通信フォト）

1 「太平洋の世紀」の日本の役割

†安全保障環境がどのように変わったか

日本の安全保障政策をどのように構築し、平和をどのように確保するのかを考える際に、そもそも日本を取り巻く安全保障環境がどのようなものかを理解することが不可欠の前提となる。国家は、真空の中に存在しているわけではない。それを取り囲む安全保障環境があり、そして日々移り変わる安全保障上の脅威や懸念がある。日本国民の安全や、日本の主権的領土をおびやかす脅威は、あるときに突然浮上するかのように見えて、実際には水面下でそのようなときが来るのを待っており、準備している。それはまるで、マグマが蓄積されてあるときに巨大地震というかたちで現れる、地殻変動に似ている。

それでは、現在の日本を取り囲んでいる安全保障環境とはどのようなものであろうか。そして、将来の日本にとっての脅威となりうる安全保障上の懸念や問題とは、どのような性質であろうか。それを目に見えるかたちで明確に描くことはできないが、水面下で動きつつある兆候をいくつか指摘することはできるし、それらに留意することが安全保障政策を立案する際には不可欠となる。

平和を願い、人間の理性に期待し、他国の善意を信頼する人々は、おそらくは日本の安全保障政策を考える際に、幸運を前提に考える傾向が強い。すなわち、今までも日本は平和であったのだから、これからも平和であり続けるであろうという想定であり、これまでもいかなる国やテロリストも日本を攻撃してこなかったのだから、これからもそうあり続けるであろうという希望である。

われわれは希望を捨ててはいけないし、また他者への信頼を持ち続けなければならない。しかしながら、そのような希望と信頼のみに依拠して、これからも幸運が永続するということを前提に安全保障政策を立案するべきではない。責任ある政治指導者や政府は、間違っても、巨大な悲劇が到来した際にそれを「想定外であった」などと嘆いてはいけないのだ。あらゆる想定外の事態を想定して、あらゆる可能な措置を講じておかなければならない。

ここでは、過去五年ほどの間に日本を取り巻く安全保障環境がどのように変わったのかを、アジア太平洋地域における実際の個別的な問題を通じて観ていくことにしたい。まずは、二〇一二年一月にアメリカ政府が新しい国防戦略を発表して、そのなかで「リバランス戦略」と称する新しいアジア政策を示すようになったことの意味を、考えることにしたい。

†アメリカの新国防戦略

アメリカのオバマ大統領は、二〇一二年を迎えて間もない一月五日午前に首都ワシントンで、パネッタ国防長官とともに新しい国防戦略を発表した。そこでは、従来の「二正面戦略」を放棄する意向を示すと同時に、アジア太平洋地域の戦力を維持する意向を明言した。「対テロ戦争」の一〇年間を終えるなかで、アメリカ政府は新しい時代にふさわしい国防戦略を模索していた。そして、この新しい国防戦略は、「リバランス戦略」をその中核的な概念とするようになる。

それは、深刻な財政赤字を抱えるアメリカ政府が、年間五四兆円にものぼる厖大な国防費を大幅に削減することを意図したものでもあった。またこの新国防戦略は、急速な軍拡を進める中国の存在を意識するものであると同時に、アメリカの経済成長を下支えするアジア市場を意識したものといえる。このときダニエル・ラッセルNSC（国家安全保障会議）アジア上級部長は「アジア太平洋への関与への努力は雇用創出の努力と直接的に結びついている」と論じた（『日本経済新聞』二〇一一年一一月一八日朝刊）。われわれはこのアメリカの新国防戦略を、どのようにとらえたらよいのか。

まず明確なことは、一九九〇年代半ば以降続いてきた、アメリカの対外政策における軍事的な介入主義の伝統が終わりを迎えつつあることである。アメリカ政府は、ルワンダや旧ユーゴスラビアのスレブレニツァでの虐殺に適切に対応できなかったことや、湾岸戦争以降にイラクでのフセイン大統領の暴虐な独裁を放置したことを反省して、一九九九年のコソボ戦争を大きな転機としてそれ以後一〇年以上にわたって世界全体へと兵力を展開していった。そのようなアメリカの対外軍事関与の拡大が国防費を膨張させ、国家予算を逼《ひっ》迫《ぱく》させていた。

イラクとアフガニスタンからの撤退を迎え、アメリカ政府は大きく舵《かじ》を切って新しい針路を進む。パネッタ国防長官が述べたように、アメリカは「一〇年に及ぶ戦争と軍事費の増加を経て、戦略的な転換点にある」のだ。それが明瞭に示されたのが、この二〇一二年の新しい国防戦略といえる。それは、東アジアの勢力均衡や日米同盟の将来に少なからぬインパクトを与えることになる。

アメリカ政府は、アジア太平洋地域での中国の海洋進出と「A2AD（接近阻止・領域拒否）」能力を懸念して、同盟国の防衛努力を今後よりいっそう求めていくであろう。アメリカの国防費削減が地域的安定を損なってはならない。そうなればアメリカの国益も損なわれるであろう。そのためには同盟国のより広範な防衛努力が不可欠であり、日本の役割がその中心となる。とりわけ南西方面での日本の警戒監視活動の強化が重要となり、日本があるていどアメリカの安全保障活動の肩代わりをすることが期待されている。

いわば、アメリカの新国防戦略は、日米同盟の強化や、日本の安全保障政策の進化と、相互補完関係になっていた。同盟国の役割が、よりいっそう重要になっている。

†大西洋から太平洋へ

オバマ政権の、中国の軍拡を意識した「アジア太平洋重視」路線へのシフト、すなわち「リバランス戦略」は、すでに二〇一一年秋以降に明確に見られるようになっていた。一一月一七日に、オバマ大統領がキャンベラのオーストラリア議会の議場で演説を行った際に、オバマは何度もANZUS条約に触れている。これは、一九五一年九月に調印されたオーストラリア、ニュージーランド、アメリカの三国間の防衛条約である。

米豪間の安全保障協力は冷戦後も深化を続けてきた。また9・11テロの後には、アフガニスタン戦争やイラク戦争でともに血を流して戦ってきた親密な同盟国である。オバマ大統領がキャンベラで演説を行ったのは、米豪両国をつなぎ合わせるこのANZUS条約調印六〇周年を記念する意味も込められていた。

「両国がともに血を流し、大きな予算を費やした二つの戦争を戦った一〇年が過ぎて、アメリカはアジア太平洋地域の巨大な潜在力に再び注意を向けるようになった」とオバマは述べる。そして、「アメリカはこれまでもずっと、そしてこれからもずっと太平洋国家である」ことを宣言した。

同じ時期に、アメリカの外交雑誌である『フォーリン・ポリシー』誌に、ヒラリー・クリントン国務長官は「アメリカの太平洋の世紀」と題する論文を発表した。アジア太平洋地域は、地政学的にもまた経済的にもアメリカの国益にとってかつてなく重要となった。アメリカ政府は、冷戦時代にはヨーロッパ大陸の中央に巨大な地上兵力を駐留させていた。冷戦終結後、一九九九年のコソボ戦争を最後として、アメリカはヨーロッパへと本格的な軍事介入を行う必要性をもはや感じていない。アメリカの戦略的な関心の焦点は、大西洋から太平洋へと大きくシフトしていった。その帰結が、このたびの新しい国防戦略である。
アメリカの太平洋への本格的な進出は、一世紀前に始まった。一八五三年にペリーが浦賀に来航した際に、その船は太平洋ではなく大西洋を渡り、南アフリカのケープタウンを回ってからアジアにたどり着いていた。一九世紀の世界地図において、太平洋はアメリカの首都ワシントンからは遠い存在であった。一九一四年にパナマ運河が開通すると、アメリカの軍艦や商船が短時間でアジアに到来できるようになった。これは画期的な出来事であった。

すでにフィリピンやハワイを領有していたアメリカは急速に太平洋への影響力を拡大していき、不幸にしてそれは日米衝突の伏線となっていく。一九二一年のワシントン海軍軍縮会議から一九五一年にサンフランシスコ条約と日米安全保障条約が調印されるまで三〇年間にわたり、「平和の海」であるはずの太平洋は「戦争の海」となっていた。その後半世紀、朝鮮戦争やベトナム戦争などの戦争が続き、各地へと戦火は広がっていった。

しかし二〇世紀が終わる頃には、太平洋を象徴するのは戦争ではなく、驚くべき経済成長となっていた。太平洋はこのようにして、世界政治の中心舞台としての地位を得るようになる。東アジアはもはや、ヨーロッパから見た「極東」としての周辺ではなく、経済成長と勢力均衡がダイナミックに動いていく世界政治の中心である。

†日本の新たな役割

オバマ大統領の演説や、クリントン国務長官の論文、そして新しいペンタゴンの国防戦略は、この世界政治の中心舞台である太平洋において、アメリカが「太平洋国家」としてアジア太平洋の平和と繁栄に確固たる責任を負うことを宣言するものである。それを単なる対中戦略と位置づけるのではなく、新しい歴史の展開として広い視野から理解することが不可欠であろう。

そして、これからの新しい歴史の中では、一世紀前とは異なり、日本はアメリカの同盟国としてアジア太平洋地域の平和と繁栄のために重い責任を負うことになる。もはや日本はアメリカの敵国ではない。もはや日本は大西洋同盟から遠く離れた国際政治の周辺ではない。新しい歴史の舞台の中心に立つ国家として、安全保障においても国際経済においても、中心的な役割を担う必要がある。日本の衰退に怯《おび》えるのではなく、むしろ新しい時代のアジア太平洋のダイナミズムの中での、日本の新しい役割を構想するべきだ。

アジア太平洋地域における今後の平和と安定は、アメリカの新しい国防戦略の行方に大きく依存している。そして、国力を後退させたアメリカは、同盟国やパートナー諸国との安全保障協力の強化を前提とした「リバランス戦略」をその基礎に置いている。

それを理解することによって、なぜいま、日本の安全保障戦略がこの地域の平和と安定にとってよりいっそう重要となっているかが、分かるはずだ。そして、それを理解する上で重要となっているのが、現在アメリカと中国が軍事的に対峙する最前線となっている、東シナ海と南シナ海である。この二つの海におけるパワーバランスが、この地域の安全保障の将来を決めることになるであろう。海の安全保障を考えることが、今後のこの地域を考える鍵となっている。

2 「マハンの海」と「グロティウスの海」

†沖縄南西海域

陽光が穏やかな海面に降り注ぎ、暖かな空気は夏の様相を呈していた。

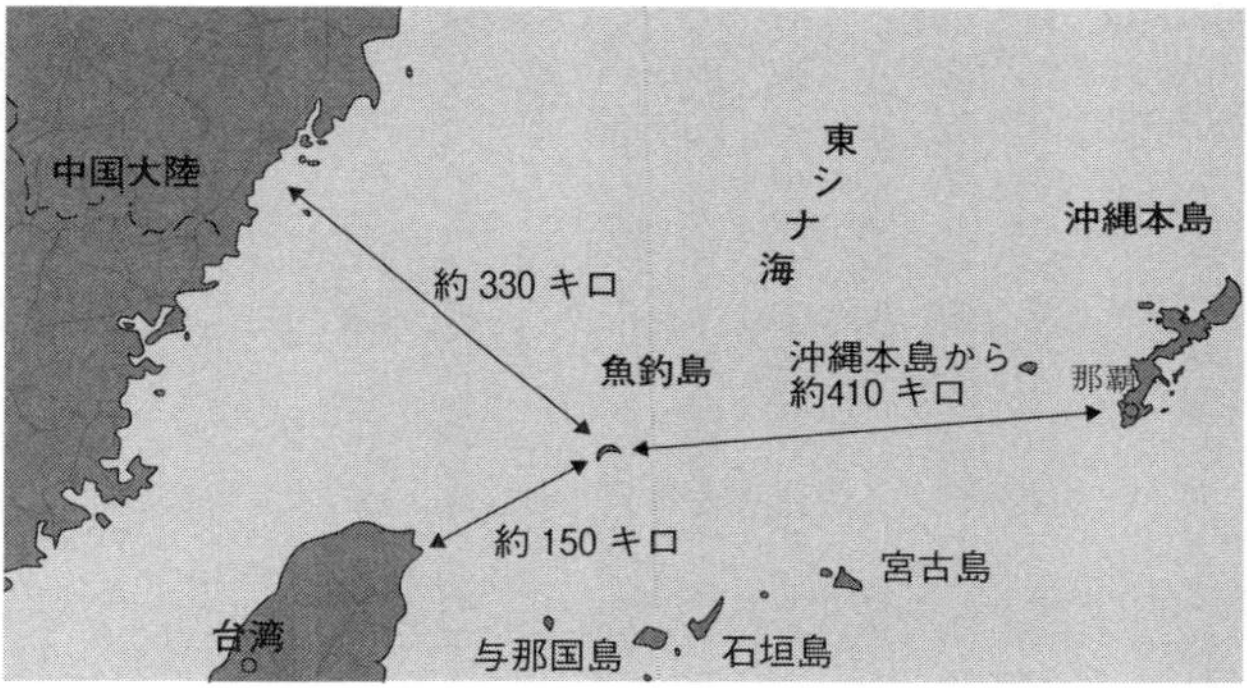

尖閣諸島周辺地図

二〇一二年三月に私は、二度続けて沖縄を訪問する機会を得た。今回は沖縄本島のみならず、石垣島と宮古島にも足を運ぶことができた。

　地図を広げて確かめると、那覇と石垣島はなんと遠いことか。その距離は約四一〇キロで、沖縄本島から尖閣諸島までの距離も同様である。それは東京と大阪の直線距離に匹敵する。その間には、東シナ海の海原が横たわっている。沖縄本島と宮古島の間の海域は、中国が東シナ海から太平洋へと抜け出るための玄関口となっており、頻繁に中国艦艇が通過するようになった。あらためて日本という国が広大な海に包まれていることを思い知った。

　ちょうど今から半世紀ほど前の一九六四年八月、京都大学助教授であった若き国際政治学者の高坂正堯は、「海洋国家日本の構想」と題する論文を『中央公論』に掲載した。そこで高坂は、「われわれのフロンティアは広大な海にある」と語り、日本のアイデンティティが「海洋国家」であることを指摘した。台湾や朝鮮半島を失い、海洋を渡る機会が減じていた当時の多くの日本人にとって、それは画期的な発想であった。

高坂がこの論文を書いた時代に、太平洋を支配していたのはアメリカであった。太平洋戦争で、アメリカが日本に対する勝利を収めて以来、太平洋において実質的にアメリカの脅威となる国家は存在せずに、そこはアメリカの「湖」となっていた。また、当時の日本人が海を越えて向かう目的地は、多くの場合に太平洋の対岸のアメリカであった。そして圧倒的なアメリカ海軍が、ユーラシア大陸における大陸国家の動向に睨《にら》みをきかしていた。ソ連の海軍が太平洋に進出してアメリカ海軍の脅威とならぬように、冷戦の末期には日本の海上自衛隊がシーレーン防衛などの任務を引き受けるようになっていった。

高坂がこの論文を書いた一九六〇年代には、まだ沖縄はアメリカの施政下にあった。沖縄の軍事基地を拠点に東アジアで戦力を展開し、世界最大の海軍力を擁するアメリカが太平洋を支配していた。

しかし今や、状況が大きく変わってしまった。中国が巨大な海軍力を、よりいっそう増強しているのだ。そこで、冷戦時代よりもはるかに戦略的に重要な位置を占めるようになったのが、沖縄である。沖縄は、冷戦時代にはアメリカの世界戦略を支えるいくつかの重要な拠点の一つに過ぎなかった。しかしながら現在では、アメリカと中国が対峙する東アジアにおける最前線に位置して、アメリカのリバランス戦略における最重要海外軍事拠点となっている。沖縄の将来が、グローバルなパワーバランス、さらには世界政治の将来を大きく揺り動かすことになるであろう。

新しい国際情勢に対応して、日本政府もこの南西地域の海に目を向けるようになった。二〇一〇年一二月一七日に閣議決定された新しい「防衛大綱」において、「グローバルなパワーバランスの変化がこの地域において顕著に表れている」ことが指摘されている。それゆえに、「自衛隊配備の空白地域となっている島嶼部について、必要最小限の部隊を新たに配置するとともに、部隊が活動を行う際の拠点、機動力、輸送能力及び実効的な対処能力を整備することにより、島嶼部への攻撃に対する対応や周辺海空域の安全に関する能力を強化する」ことが必要となった。

具体的には、同日に閣議決定された「中期防衛力整備計画」で記されているように、「南西地域等における情報収集・警戒監視態勢を充実し」、さらには「防空能力の向上」や

「南西地域における即応態勢を充実」することを目指すことになった。私が二〇一二年三月に二度続けて沖縄を訪問した理由の一つは、このように新たに「防衛大綱」に書かれた「南西地域重視」の方針が、実際にどのように実行に移されているかを知ることであった。というのも、それが今後のアジア太平洋地域の将来を大きく動かすことになるからだ。

†南西海域に「力の真空」が生じた

沖縄を二度ほど訪問して、自衛隊基地と米軍基地、さらには離島を訪問して気がついた。那覇基地以南に連なる島嶼《とうしょ》地域において、いかなる軍事力も駐留しない巨大な「力の空白」が横たわっているのだ。これが現実であった。これは今後、この地域の不安定性の要因となるであろう。

那覇基地から最西端の与那国島までの距離は五一〇キロある。東京と大阪の間の距離よりも、さらに長い。この距離を考えると、侵略や不測の事態が発生した場合に、それらに自衛隊が迅速に対応することは困難である。大阪で発生した事件に、東京の警察が駆けつけるようなものだ。

また、与那国島沿岸部では、夜には不審な外国籍の船が到来することがあるらしい。数名の警官のみでは島民の不安も大きく、それゆえに地元からの繰り返しの要請もあり、二〇〇人程度の陸上自衛隊沿岸監視隊の配備が決められている。それ以外では、宮古島の航空自衛隊のレーダーサイトがある程度だ。「力の真空」によって、この海域で周辺国が膨張的な動きをとることを誘発する可能性がある。「南西地域重視」の方針は、まだ十分に実行に移されているわけではなかった。

すでに述べたように、戦後の東アジアでの戦争の多くは、大日本帝国が崩壊した後の「力の空白」と連関するかたちで引き起こされてきた。中国内戦、朝鮮戦争、ベトナム戦争とすべて、日本が太平洋戦争中に支配していた地域から撤退したことで「力の真空」が生じて、それを現地のナショナリストや外国勢力が埋めようとする動きのなかで、軍事力の衝突が起こった。

現在、東アジアで中国の急速な軍拡を前にして日本の軍事的優位性が量的にも質的にも失われていることと、那覇基地よりも南西方面に自衛隊の基地も米軍基地も存在しないことと、二重の意味でこの海域は「力の真空」となっている。そこに、中国が海洋進出することはそれほど難しいことでもないし、また中国漁船がそこで不法操業することも容易なことである。

それでは、どうしたらよいのだろうか。

†東シナ海を「グロティウスの海」へ

今から一二〇年ほど前、アメリカの海軍少将であり高名な海軍戦略理論家であったアルフレッド・マハンは、次のように書いている。

「まず、歴史が証明するところの基本的真理から説き起こそう。すなわち、制海権——とりわけ、国益や自国の貿易の存する大海路に対する支配権——は、諸国の国力や繁栄の物質的諸要素のうちで最たるものだ、という真理である。海洋こそは世界の運輸交通の一大媒介であるからである」(『マハン海上権力論集』麻田貞雄編訳、講談社学術文庫)。

このマハンの海軍戦略理論は、今の中国の人民解放軍海軍においても、色濃く反映されている。「制海権」をめぐり、海軍力が増強されつつあるという意味で、東シナ海は「マハンの海」になりつつある。すなわち、パワーポリティクスの観点から、領域をめぐり争いあって、自らの優位性を確保するための競争である。

他方で、異なる考え方もある。すなわち、この東シナ海を「グロティウスの海」にすることだ。

グロティウスは「近代国際法の父」とも呼ばれた、オランダの法学者である。彼は同時に、「海洋自由論」の父でもあった。今から四世紀ほど前の一六〇九年に彼が刊行した『自由海論（*Mare Liberum*）』は、海洋がすべての人々にとっての公共財であることを主張した。もしも、グロティウスにならって東シナ海に目を向けるならば、われわれはそれを共に活用し、そこで協力関係を育むことも可能なのだ。すなわち、この地域の海を「国際公共財」として考えて、いかなる諸国も自由な航行を楽しむことができるような海にすることである。そのような考えこそが、中国が最も嫌うものである。

中国は、南シナ海での制海権と制空権を確立すると同時に、東シナ海で可能な限りアメリカと日本の影響力を排除することを目指している。それは、グロティウスが考えた海洋とは、対極的な思考である。

日本政府の主張は、明らかに、東シナ海や南シナ海を「グロティウスの海」にすることである。そのためには、中国もまた既存の国際法、そして国際秩序のルールや規範を遵守することが不可欠であろう。それは、中国政府が進める「接近阻止・領域拒否（A2A

D)」の軍事戦略とは対極的な発想である。日本が目指すのは、中国に対抗してこの地域での日米両国による制空権と制海権を確立することではない。この海を「グロティウスの海」として、「法の支配」に基づいた秩序を確立することである。そこではまた中国も自由に、自国の船を航行できることであろう。

東アジアの海は、伝統的にそれを取り囲む諸国の交流を育んできた文明の母でもある。そのネットワークの中核に位置するのが、沖縄である。この海域で安定したパワーバランスのうえに、豊かな交流のネットワークを育むことを目指すべきだ。

3 日露関係のレアルポリティーク

†日露関係の不安定性

中国の軍事力の急速な増強は、ロシアのアジア戦略にも少なからぬ影響を与えつつある。というのも、ロシアと中国の地位が逆転して、よりいっそう中国が強大になることに対して、ロシア国内には警戒心が少なからず見られるからだ。それゆえに、ロシアは中国のみならず、同様に日本に対してもこれまで以上の関係強化を求めている。はたしてロシアが今後、どのように日露関係を位置づけるのか。そしてそれにより北方領土問題にどのような変化が生じるのか。

日本国内では、急速に軍事大国化する中国を横目に、従来の中露間の蜜月関係に微妙な変化が見られ、次第にロシアは戦略バランスの論理からアメリカや日本に接近するだろうという予測が見られる。たとえば防衛研究所が刊行する『東アジア戦略概観２０１２』では、「外交面では、中国の台頭を意識した東アジア政策に転換しつつあり、ロシアの中国離れの動きが見受けられる」と記されている。外務省でも伝統的に、ロシア語を話すロシアン・スクールは、地政学的な論理から中国を挟んで日露が提携する利点を説いてきた。そのような論調の中で、柔道を愛して日本への好感情を持つプーチン氏が大統領に就任したことで、いやがうえにも北方領土問題の解決への期待感が高まった。

二〇一二年六月一八日の、メキシコのロスカボスで野田佳彦首相とプーチン大統領との間で行われた日露首脳会談では、北方領土も議題にあがった。外務省のホームページでは、「両首脳は、領土問題に関する交渉を再活性化させることで一致し、静かな環境の下で実質的な議論を進めていくよう、それぞれの外交当局に指示することにした」と記されている。野田首相は、「（柔道の）『始め』の号令をかけることに合意したい」と述べた。この首脳会談で、野田首相は年内のロシア訪問の意向を伝えた。さらに、七月には玄葉光一郎外相がロシアで外相会談を行う見通しが伝えられた。

しかしながら、そのような日本側の淡い期待感も冷却化していく。二〇一二年七月一日にはロシア海軍の艦艇二六隻が宗谷海峡を、日本海から東に向けて通過した。さらには、同三日に、ロシアのメドヴェージェフ首相が北方領土の国後島を訪問して、日本政府に強い不信感を与えた。この地でメドヴェージェフ首相は、「（北方領土は）われわれの古来の土地だ。一寸たりとも渡さない」と述べたと伝えられた。これを受けて、玄葉外相は、「日露関係の前向きな雰囲気作りに水を差す」と不快感を示した。日本政府としては、日露関係を好転させて、北方領土問題解決の手がかりをつけようとした出端を挫かれたかたちとなった。

いったい、このような日露関係の浮き沈みをどのように理解すればよいのか。まず、日露首脳会談後に報道された「再活性化」について、奇妙な報道がなされた。七月五日、藤村修官房長官は記者会見で、六月の日露首脳会談では「再活性化という言葉自体は使われていなかった」と述べた。領土問題解決へ向けて、そもそもロシア側はそれほど熱意を持っていなかったのだ。

†ロシアの長期的な外交戦略

歴史的に、日本人は外交問題を考える際に、希望的憶測に依拠して相手が好意的な行動に出ることへの期待を募らせる傾向が見られる。そして幾度となくそのような期待感が裏切られてきた。

独ソ不可侵条約調印。右から２人目がスターリン

ソ連共産主義を仮想敵国とした、一九三六年の日独防共協定は、一九三九年のドイツのソ連への接近および独ソ不可侵条約締結によって、完全に裏切られた結果となった。一九七一年七月のニクソン・ショックに見られる米中接近もまた、アメリカ政府が共産主義の中国に近づかないだろうという日本の希望的憶測が裏切られた結果となった。そもそもレアルポリティーク

の伝統が強いロシアに、過度な譲歩を期待するのは適切ではない。日本が、その力関係においてロシアに対して優位に立つことがなければ、ロシアが日本に対して譲歩をする大きな誘因がみつからないからだ。

近年のロシア政府の行動を見て感じることは、国後島と択捉島をロシア領として残して、残りの二島を返還することでこの問題に終止符を打ちたいプーチン大統領の強い意向である。一九五六年の日ソ共同宣言の際に合意された歯舞群島および色丹島の二島返還への回帰である。それに対して、日本には領土面積等分論や、三島返還論など、多様なアプローチが見られる。

はたして、長期的な戦略として、ロシア政府は上海協力機構を軸とした中露協調を強化するつもりなのだろうか。あるいは、急速に軍事力を膨張させる中国を懸念して、長期的には日米両国などとの協力を強化するのであろうか。ロシアの長期的な外交戦略を考える際に参考になるのは、一世紀前のヨーロッパの戦略バランスの変化である。現在のアジアで中国が急速に台頭するのと同様に、当時のヨーロッパでは急速にドイツが台頭していた。それがロシアの戦略に変化をもたらした。

一八九〇年、それまで「三帝同盟」を通じた独露協調を維持してきたドイツ宰相ビスマルクが失脚した。ビスマルクは、自らに有利な戦略バランスをつくるためにも、ロシアとの戦略的提携を最重視した。しかしながら急速に軍事力を増強させるドイツの政治指導者や軍人の多く、さらには新しい皇帝ヴィルヘルム二世は、ドイツ単独でも十分に強大だと考えていた。ドイツ政府によって同盟条約延長を拒否されたロシア政府は、その後はドイツから離れていった。

それ以後ロシアは、急速にフランスに接近していく。ドイツの軍事的強大化に懸念を抱いたロシアは、ドイツに対抗するためにフランスとの戦略的提携を深め、一八九一年には仏露協商、そして一八九四年には仏露同盟を締結した。それだけではない。一九〇七年には、長年敵対関係にあった英露両国が、協商関係を締結して、ますます横柄になるドイツ外交を牽制《けんせい》した。ここに、ドイツを包囲する三国協商が成立する。ロシアはドイツから離れて、フランスやイギリスへと接近したのだ。戦略バランスの地殻変動である。

現在の東アジアで急速に中国が台頭することで、不安を感じるロシアが日本やアメリカに接近するのは不思議なことではない。しかしながら、それを単線的な発展と考えるべきではない。一世紀前のロシアがそうであったように、中露提携と日露協力を同時並行で運び、そのどちらも自らに有利なかたちで進めることを望むであろう。自らの国益を犠牲にして、日本との協調関係を深めるとは考え難い。国益を犠牲にしない範囲で、日本との協調も考えるのであろうし、中国との提携も考えるのだろう。

希望的憶測から対露政策を進めてはならない。強固な日米同盟と、安定的な日中関係があってはじめて、日本はロシアに対して戦略的な優位に立てる。だとすれば、普天間問題をめぐり日米同盟にすきま風が吹き、尖閣諸島をめぐり日中関係が荒れ模様な現状では、ロシアが日本に対して大幅な譲歩をすることは考え難い。日本は冷徹な戦略的思考を深めて、浅薄な希望的憶測を排し、ロシアとの協力関係を深めることが可能な領域を模索すべきだ。

4 東アジア安全保障環境と日本の衰退

†日本が二流国家に堕ちる?

二〇一二年一〇月一四日、恒例の自衛隊観艦式が相模湾沖で開催された。そこに参加した野田佳彦首相は訓辞を述べ、「領土や主権をめぐるさまざまな問題が生起している」現状に触れた。そして、「わが国をめぐる安全保障環境はかつてなく厳しさを増していることは言うまでもない」と述べ、自衛隊がよりいっそうの緊張感をもって警戒監視任務に取り組むよう激励した。

二〇一二年の夏から秋にかけての時期は、日本をめぐる東アジアの安全保障環境が大きく変転した時期であった。多くの者は、その主たる原因を中国の急速な台頭、そしてその軍事力の増強に見るであろう。それは大きな間違いではあるまい。しかしながらもう少し視野を広げて考えると、それとは別のもう一つの大きな原因が見られる。それは「日本衰退論」である。

それは、八月に見られた二つの重要な動きからも、理解することが可能である。第一に、アメリカの代表的シンクタンクである戦略国際問題研究所（CSIS）が、いわゆる第三次アーミテージ＝ナイ報告書を発表した。これは、よく知られているように、共和党のリチャード・アーミテージ元国務副長官と、民主党のジョセフ・ナイ・ハーバード大学教授（元国防次官補）の二人が名を連ねる、超党派的な報告書だ。第一次報告書が二〇〇〇年に、そして第二次報告書が二〇〇七年に発表され、二〇一二年は三度目の報告書となる。そこでは、東アジアの戦略環境の変化を背景に、日米同盟の将来についての提言がなされている。

その報告書では、「日本が一流国家であり続けることを望むのか、それとも二流国家の地位へと漂流することで満足するか」の「決断」が突きつけられている。日本が「一流国家（Tier-One Nation）」であり続けるためには、多くの政治課題を解決していかなければならない。「失われた二〇年」で大きく経済力を後退させ、毎年首相が交代することで政治的な影響力を失い、東アジアで急速な軍事力増強を進める中国を前にその存在感が薄れつつある。そのような懸念からも、日本が「一流国家」であり続けるための自覚と、困難な政治課題への取り組みを、この報告書は推奨しているのであろう。

この問いかけは、「日本衰退論」を前に精神的に意気消沈する日本国民に向けて、アメリカの友人たちが日本を鼓舞しようとする意味も持っている。しかしながらそのような難しい諸問題に取り組む「決断」ができなければ、日本は東アジアの戦略環境のなかで埋没していくであろう。

第二に、この年の八月一〇日に、韓国の李明博大統領が竹島訪問を強行した。これは日本国民にとっての大きな衝撃となった。前任の盧武鉉大統領と比べて、日本との協調関係を重視してきた李明博大統領がこのような日本国民の神経を逆なでする決断を行ったことに、野田佳彦首相や玄葉光一郎外相はきわめて強い不信感を示した。それに対して、李明博大統領はそのような反発は「予想していた」と応え、「国際社会での日本の影響力は以前と同じではない」と述べた。

なるほど、サムソン電子の携帯電話が世界の市場を席巻し、その商品の優れた品質は日本でも高く評価されている。また、米韓FTAやEU・韓国FTAによって、韓国産の自動車がこれまで以上に欧米で広く販売されている。そのように韓国企業が勢いを増すなかで、日本を低く見る評価がなされたとしても不思議ではない。

†戦略バランスの動揺

問題の本質は、東アジアにおいて日本が衰退しているという認識が、周辺国で広く見られることである。それは実態の問題というよりも、認識の問題だ。とりわけ中国政府の対日政策を見ていると、そのような印象が強まる。二〇〇五年の小泉純一郎首相の靖国参拝後の反日デモのときと比較しても、現在の中国の対日政策はよりいっそう厳しさが増していることが分かる。もはや日本経済に依存する必要がないという中国国民の強い自負心さえ、感じられる。

戦略バランスが動揺するのは、ある国が急速に強大化するときだけではない。大国が急速に力を失っていき、「力の真空」が生まれることもまた、勢力均衡を動揺させていく。そのような「力の真空」によって、歴史上の数多くの紛争が生み出されてきた。たとえば、一九世紀半ばから二〇世紀初頭までの期間に、オスマン帝国が急速に力を弱めていったことで、バルカン半島や中東などで数多くの紛争が生まれた。ロシア帝国やオーストリア＝ハンガリー帝国、そしてイギリス帝国などがその「力の真空」に影響力を浸透させようと動いたために、それらの大国間の衝突が見られたのだ。それは実際に、いくつかの小規模な戦争に帰結した。

同じ時期に東アジアでは、清帝国が力を失っていったことで、やはり国際秩序が不安定化していた。朝鮮半島から中国東北地方にかけて、さらには華南からインドシナ半島にかけて、それまで清帝国の影響力圏であった地域に、ロシア帝国、イギリス帝国、フランス、日本などが影響力を浸透させていく。それは日清戦争や日露戦争という戦争に帰結し、その灰のなかから日本は大国という地位を手に入れた。

第二次世界大戦後には、大日本帝国が崩壊したことで、東アジアの地域秩序が流動化した。朝鮮半島から台湾、インドシナ半島という、それまで日本が支配下に収めた地域で日本軍が撤退したことで「力の真空」が生じ、不安定化が加速した。戦後の東アジアの主要な紛争である国共内戦、朝鮮戦争、およびベトナム戦争は、いずれもそのような「力の真空」を埋めようとする衝動がもたらした戦争であった。

ベトナム戦争、アメリカ軍によるナパーム弾投下

このように考えるならば、現在の南シナ海や東シナ海における情勢の不安定化は、冷戦後にこの地域において日本の影響力が後退したことも要因となっているということができるだろう。その意味で、鳩山由紀夫民主党政権が日米同盟を傷つけた後遺症は、あまりにも大きかった。日米同盟が行き詰まり、アメリカが財政難から国防費の増加が困難となり、日本の国力が衰退することは、この地域に誤ったシグナルを送る結果となった。いうならば、日本が強い経済力と防衛力を持つこと、そして優れた政治的リー

ダーシップを発揮することが、この地域の平和への大きな貢献になるのだ。

中国の軍事力の増強に過剰な反応をするよりも、日本が大国としての地位に留まることの重要性を深く認識すべきだ。われわれが本当に恐れるべきは、中国の軍事力ではなく、われわれ自身が抱いている不安なのかもしれない。日本が十分な国力を備えることが何よりも重要なのだ。

5 「陸の孤島」と「海の孤島」

†中国の視座から東シナ海を眺める

二〇一二年の一二月一三日、中国のプロペラ機が尖閣諸島周辺の領空を侵犯した。中国機による日本の領空侵犯が確認されたのは初めてのことであった。航空自衛隊のF15戦闘機を緊急発進（スクランブル）させて、政府はこれに対処した。尖閣諸島をめぐる日中の摩擦が、よりいっそう厳しい段階へと進んだ。

同年九月一〇日の野田佳彦政権による尖閣諸島の国有化の決定以降、中国政府は繰り返し尖閣諸島周辺に艦船を送り込み、領海を侵犯させ日本の実効支配を揺さぶろうとしている。さらに、日本政府が航空自衛隊の戦闘機をスクランブル発進させたのを受けて、一二月一四日の中国共産党機関紙の『環球時報』では、「中国も空軍を派遣すべきだ」と社説で論評した。年が明けた二〇一三年一月一〇日に、中国政府は全国海洋工作会議で、海洋監視船などを用いた尖閣諸島周辺の監視活動を常態化していく方針を決定した。尖閣諸島の領有をめぐる日中間の対決姿勢は、先鋭化してきた。

はたして、尖閣諸島をめぐる日中双方の強硬姿勢は、不測の軍事衝突に帰結するのであろうか。このような緊張状態のなかで、日本政府はどのような対応をすべきなのだろうか。一七世紀フランスの外交官、フランソワ・ド・カリエールは、『外交談判法』(坂野正高訳、岩波文庫、一九七八年)という著書の中で、「外交交渉を行う者にとっては、自己の意見を棄ててみて、交渉相手の君主の立場に立つことが重要である」という。なるほど、だとすれば、中国の指導者がはたして尖閣諸島領有の問題をどのように考えているのかを理解することが重要であろう。

中国の視座から東シナ海を眺めると、尖閣諸島の存在をめぐり、大きく異なる状況が浮かび上がる。東シナ海は中国海軍にとっては、太平洋へと海洋進出する上での「表玄関」となる。海洋権益の点からも、そして中国が太平洋に進出する海洋戦略の点からも、東シナ海が中国にとって戦略的に重要な位置を占めていることは、繰り返し指摘されてきた。平成二四年度版の『防衛白書』でも、「今後とも中国は、東シナ海や太平洋といったわが国近海および南シナ海などにおいて、活動領域の拡大と活動の常態化を図っていくものと考えられる」と記されている。

一九九二年二月にいわゆる中国領海法を中国政府が制定して、尖閣諸島を「中国の領土」と明確に位置づけて以降、東シナ海の中央に位置するこの諸島の領有をめぐって日中間では摩擦が続いている。もしも近い将来に尖閣諸島が中国の支配下に入れば、東シナ海はほぼ全域が「中国の湖」となる。そのような中国の海洋戦略にとって、日本が実効支配する尖閣諸島と、その周辺の領海、そして太平洋への海洋進出をふさぐ南西諸島は、実に不都合な存在だ。それらにおいて、日本の実効支配を奪い取ることで、中国は東シナ海における制海権と制空権を手に入れることができるのだ。

南西諸島が長く横に連なっていることによって、中国艦船が太平洋に出ることを邪魔する蓋がかぶせられたような状況となる。すなわち、東シナ海を「中国の湖」とする上で、日本の領土としての尖閣諸島はその領海および排他的経済水域（ＥＥＺ）とともに、中国海軍が寧波の東海艦隊海軍基地から出航して太平洋へと抜け出る際の大きな障壁となる。中国からすれば、東シナ海ではほぼ唯一、自国が実効支配できていない領土が尖閣諸島である。それゆえに、東シナ海で米軍や日本の自衛隊の戦闘機や軍艦が自由に動くことが、大きな脅威と感じられている。日本の尖閣諸島における実効支配を動揺させ、時間をかけて中国の勢力圏へと収めることが、重要な戦略目標であろう。

尖閣諸島はこのように、中国の勢力圏となりつつある東シナ海に浮かぶ「海の孤島」である。中国軍の動向に詳しい平松茂雄氏は、「中国は尖閣諸島という島を押さえるというより、東シナ海という水域全体を押さえることを意図している」と指摘する。いわば、「東シナ海という『面』を押さえようとしている」のだ（『中国はいかに国境を書き換えてきたか』草思社、二〇一一年）。その上で、日本が実効支配をする尖閣諸島の存在は、いかにも邪魔である。

†西ベルリンと尖閣諸島——領土を守るということ

中国の勢力圏としての「面」のなかに位置する、外国領としての「点」。同じような状況が、冷戦初期のヨーロッパでも見られた。西ベルリンの存在である。尖閣諸島が東シナ海に浮かぶ「海の孤島」であるのに対して、西ベルリンはソ連占領地区という共産主義圏に浮かぶ「陸の孤島」であった。東ドイツを占領統治していたソ連政府としては、この西ベルリンから西側勢力を排除したかった。それゆえにソ連政府は、一九四八年六月に、西ベルリンに向かう道路や鉄道路を封鎖して、電力供給も停止させた。ベルリン封鎖である。

西ベルリンを分割占領していた米英仏三国政府の首脳は苦悩した。ソ連軍の圧倒的な地上兵力を前に、ドイツの西側占領地区に駐留する規模の小さな地上兵力では、それに対抗することは困難であった。はたして「陸の孤島」である西ベルリンを手放すべきであろうか。あるいは戦争の危機に直面しても、この西ベルリンを保持すべきであろうか。

このとき西側三国が選択したのは、忍耐強く空輸を続けることで、西ベルリンを守ることであった。アメリカのジョージ・マーシャル国務長官、そしてイギリスの駐米大使オリヴァー・フランクスは緊密に連携しながら、強い意志を示してソ連に対抗する決意をした。そして、イギリス国内の空軍基地に、米軍が保持していた原子爆弾を搭載したＢ29を待機させた。これはソ連に対する、西ベルリンを守るという強い意志表明だ。このような、西側諸国の強い態度を前に、ソ連政府の挑戦は挫折した。

ソ連政府は一九五八年に再度、西ベルリンを東ドイツに併合しようと試みた。このときには、ソ連も核兵器を保有するようになっていたため、アメリカの核戦力に一方的に脅かされることはなかった。さらには、ソ連は大陸間弾道ミサイルも開発を進めていたため、アメリカに対して強い圧力をかけることができたはずだ。しかし西側同盟は、強い態度をもって西ベルリンを守る意志を示した。西側同盟のリーダーであるアメリカにとって、同盟国の領土を守ることは重要な義務でもある。アメリカの都市がソ連の核ミサイルによる攻撃の危険にさらされながらも、領土を守る明確な決意を示したのだ。

冷戦時代の「陸の孤島」としての西ベルリンと、現在の東シナ海における「海の孤島」の尖閣諸島。それを取り巻く環境は大きく異なる。だがどちらの場合でも、挑発的な行動に対して、毅然たる態度で領土を守る意志を明確にすることと、そして危機を収束させるために相手とのコミュニケーションを絶やさずに持続させることが重要だ。その前提として、勢力均衡が一定ていど成立していることが、不可欠となる。もしも、日米同盟が存在せずに、日本の防衛力が圧倒的に劣っていれば、中国は何らリスクを感じることなく東シナ海での制海権と制空権を確保できるはずだ。

発足間もない安倍晋三政権が、毅然たる態度で中国の挑発的行動に対して領土を護る姿勢を示したのは適切なことだった。海上保安庁が数百人規模で尖閣諸島周辺警備のための専従チームを新設することが明らかとなり、巡視船も新造する予定である。これから長期にわたり、日本の忍耐力と理性的な対応が試されるであろう。そして、中国が日本の防衛力に一定の評価をするようになれば、そこに対話の契機が生まれるはずである。

6 対話と交渉のみで北朝鮮のミサイル発射を止めることは可能か

†冷戦の残滓としての朝鮮半島

朝鮮半島は、冷戦の残滓《ざんし》としてのイデオロギー対立と、南北分断が、そのままのかたちで残っている。一九九四年の朝鮮半島危機以来、国際社会はさまざまなかたちで、この危機を鎮静化するための努力を行ってきた。しかしながら、一時的に南北統一に向けての希望が見える瞬間があっても、また日朝交渉の進展の見通しが浮上しても、その後は多くの場合に北朝鮮政府の挑発的な行動によって、和解の扉は閉ざされてしまう。

日本外交にとっての最大の試練の一つが、北朝鮮問題である。そもそも、外交関係が成立していない以上、北朝鮮の核開発とミサイル発射の脅威を、正規の外交交渉を通じて解決することは不可能である。かといって、朝鮮半島で軍事衝突が起こることは最悪のシナリオである。平和的な解決を望みながらも、その実現がきわめて難しい状況のなかで、いったい何が可能なのか。いかにして平和が成立するのか。日本の安全保障政策を考えるうえで、この北朝鮮問題は答えを見出すのが難しい問題を、われわれに突き付けている。

✣北朝鮮という「地政学的リスク」

二〇一六年の新年早々の一月七日に、アメリカのシンクタンクのジャーマン・マーシャル・ファンド（GMF）上席研究員のダニエル・トワイニングは、『フォーリン・ポリシー』誌に「アンハッピー・ニュー・イヤー」と題する興味深いコラムを寄せていた。トワイニングはアジアの安全保障問題に精通した優れた専門家で、日本の安全保障政策についても冷静で公平な視点から鋭い洞察を示すコラムを、これまで書いている。

トワイニングはこのコラムの中で、二〇一六年に想定される一〇の地政学的リスクを列挙して、新しい一年もまた多くの不確実性に満ちていることへの警鐘を鳴らした。そのうちの第九のリスクとして、「北朝鮮とより多くの問題」が生じる懸念を指摘している。彼の不安が的中する事態が、ちょうどその一カ月ほど後に明らかとなった。

二月七日、北朝鮮が事実上の長距離弾道ミサイルの打ち上げを強行した。国際社会が、地域の緊張を高めるそのような軍事行動を抑制するよう強く要請して、北朝鮮と緊密な関係にある中国政府高官も事前に打ち上げに反対するために訪朝して警告をしたにもかかわらず、国際社会と全面的に対決する決意で北朝鮮政府は発射実験を実行したのである。実際に北朝鮮は、これまでの五つの国連決議を無視するかたちで、自らの軍事能力強化を優先する決断をした。それは周辺国に、さらなる脅威を与える結果となった。

それまで韓国政府は、中国政府の懸念を考慮して、アメリカの地上配備型迎撃システムの高高度防衛ミサイル（ＴＨＡＡＤ）の朝鮮半島配備については、消極的な立場を維持してきた。ところが、今回の発射実験を受けてその直後に米韓両国は共同声明を発表し、ＴＨＡＡＤ配備へ向けた公式協議の開始を発表した。また、中国政府もこのような北朝鮮の行動に、「深刻な懸念」を表明し、従来よりも強い態度で北朝鮮の一方的な行動への批判を行った。

他方で、北朝鮮政府はこれを地球観測衛星「光明星四号」の「打ち上げ」だと正当化し、

北朝鮮・潜水艦発射弾道ミサイルの試射（© 朝鮮通信＝時事）

「軌道進入に成功」したと報じている。これによって、北朝鮮はアメリカ国土をより確実に直接攻撃する能力を身につけた。アメリカとの交渉上有利になったと考えられるであろう。

日本国内では、この「ミサイル発射」直後に首相官邸で国家安全保障会議を開き、政府としての対応を協議した。そして、早い段階で安倍晋三首相からの「総理指示」が出され、「情報収集・分析に全力を挙げ、国民に対して、迅速・的確な情報提供を行うこと」と、「航空機、船舶等の安全確認を徹底すること」、そして「不測の事態に備え、万全の態勢をとること」を指示した。冷静で的確な対応であろう。

さらには、会見で安倍首相は、「北朝鮮に対し、繰り返し自制を求めてきたにもかかわらず、『ミサイル発射』を強行したことは、断じて容認できません」と述べて、「核実験に引き続き、今回のミサイル発射は、明白な国連決議違反であります」と論じている。そして、「国民の安全と安心を確保することに万全を期していく考えであります」とも伝えている。

北朝鮮の「ミサイル」が南西方面へと飛翔することが予測されていたことからも、不測の事態に備えて、沖縄県・石垣島に地対空誘導弾パトリオット3（PAC3）が配備された。また、北朝鮮のミサイルの性能について不明な部分が多いことから、発射が失敗して仮に日本国内に落ちる可能性も考慮して、東シナ海で警戒しているイージス艦がミサイルを迎撃する準備を行っていた。さらに、米海軍のミサイル追跡艦「ハワード・O・ローレンツェン」が、ミサイルのルートを追跡するために、二月五日に佐世保基地を出航していた。

以前とは異なり現在では、ミサイル迎撃システムはかなりの信頼性が認められている。たとえば、イスラエルが配備する最新鋭のミサイル防衛システム「アイアン・ドーム」は、実際にパレスチナからのロケット弾を繰り返し迎撃しており、かなり高い確率で打ち落とすことに成功して国土の安全に寄与している（イスラエル政府はその確度が九〇％ほどと述べているが、実際にはもう少し低いであろう）。幸いにして、今回の北朝鮮のミサイル発射実験では沖縄の先島諸島上空を通過して、日本の領土や領海に直接危害を加える結果とはならなかった。だが、それが大きな被害につながった可能性はなかったわけではない。

†どのようなときに「対話と協調」が失敗するのか

さて、日本はこのような安全保障上の脅威に対して、どのように国民の安全を確保すべきであろうか。他国を信頼するだけで、本当に国民の安全を確保することができるのだろうか。また相手国を信頼して裏切られたときに、政府はそれを「想定外」でやむをえなかったと弁明してよいのだろうか。

二〇一五年夏に、安保法制を厳しく批判して街頭での行動を行ったSEALDsは、ホームページの「オピニオン」として、「私たちは、対話と協調に基づく平和的な外交・安全保障政策を求めます」と論じている。また、「東アジアの軍縮・民主化の流れをリードしていく」と論じ、「対話と協調に基づく平和的かつ現実的な外交・安全保障政策を求めます」とも述べている。いずれも、それ自体は適切な主張であると思う。

だが、日本やアメリカなどの民主主義諸国が過去一〇年ほどの間に財政的理由などからも大幅に防衛費を削減せざるをえなかったのに対して、民主主義国家ではない中国や北朝鮮は、自国の経済成長率を大きく超えた軍拡を続けて、実質的に「軍縮・民主化の流れ」を否定してきた。また、今回の北朝鮮の「ミサイル発射」に対し、中国政府が繰り返し自制を強く要請したが、その「平和的かつ現実的な外交・安全保障政策」もまた、うまく機能することはなかった。SEALDsのなかで、国際社会におけるあらゆる緊張や脅威が「対話と協調」で解決可能と考えている人がいるとすれば、それらがなぜうまくいかないことがあるのかをていねいに説明する必要があると思う。

軍事力や日米同盟に依拠するような安全保障政策を批判するならば、彼らはミサイル迎撃システムPAC3によって日本国土の安全を守り、また米軍からのミサイル追跡情報の提供を受けることに反対の立場なのだろうか。具体的にどのようにして、「対話と協調に基づく平和的かつ現実的な外交・安全保障政策」によって、北朝鮮のミサイル発射実験や、核実験を阻止することが可能であったのだろうか。中国政府が執拗に自制するように要請しながらも、北朝鮮政府が従わなかったことをどのように受けとめているのか。不明である。

われわれが国際政治の歴史から謙虚に学ぶことができるのは、軍事的手段のみに依拠するのが好ましくないということと同様に、外交的手段のみに依拠することが十分ではないということである。外交的手段と軍事的手段の二つを巧みに組み合わせてはじめて、「対話と交渉」もまた十分な効果を発揮するのだ。つまりは、ＳＥＡＬＤｓの安全保障論の大きな問題は、「対話と協調に基づく平和的かつ現実的な外交・安全保障政策」を求めたことそれ自体なのではない。そうではなく、それのみに依拠して、軍事力や日米同盟が国民の安全に寄与しているという現実から目を背け、対話のみであらゆる摩擦や脅威を解消できるかのように錯覚していることである。

外交の歴史とは、その成功の歴史であると同時に、幾多の挫折と失敗の歴史でもある。どのようなときに交渉が合意に到達して、どのようなときに交渉が行き詰まり決裂するのか。本当に平和を願うのであれば、ＳＥＡＬＤｓの参加者もまたそのような外交の歴史を真摯に学ぶ重要性を感じてもらいたい。外交交渉を行うにしても、毅然たる態度を有して、背後に十分な軍事力を持ち、また国際社会との連帯を保つことで、その交渉もよりいっそう大きな効果をもたらすことがあるのだ。

†安全保障政策をめぐる自国中心的な「天動説」

思い起こしてほしい。自民党のなかでもハト派と言われていた宮澤喜一首相のときに、北朝鮮はＮＰＴ（核兵器不拡散条約）からの脱退を表明した。また、憲法九条に関して最も強く護憲の立場を示してきた社会党の村山富市首相のときに、台湾海峡危機が起きて、中国政府が台湾海峡にミサイルを発射して戦争の危機が高まった。

憲法九条が平和を維持するとすれば、なぜそのような危機が訪れたのか。憲法九条は、東アジアにおけるあらゆる危機と緊張を解決可能な「魔法」なのだろうか。そして、それらの危機や緊張を回避するために、関係諸国政府が努力したその外交に、どのような問題や欠点があったと考えているのだろうか。

自らの善意、自らの憲法、自らの政策こそが正義であり、また独立変数であって、それらによってこそ世界平和を確保できると考えることは、安全保障政策をめぐる自国中心的な「天動説」である。他国には他国の国内政治的な論理があり、政策があり、歴史がある。他国が安全保障政策を展開する際に、日本の憲法九条の平和主義の理念や、安保法制を見て、それだけを理由にして重たい政治的決断を行うと考えることは、あまりにも非現実的である。

他国の国内政治のロジックを適切に理解することこそが、国際的な平和や安定を維持するための最低限に必要な条件であるはずだ。それらを無視して、自らの正義のみしか考慮に入れないとすれば、それはあまりにも独善的な姿勢と非難されるであろう。

戦前の日本もまた、自らの正義のみに執着して、国際情勢の流れを見誤り、他国の国内政治の動向にあまりにも無関心であった。ここ最近の日本の安全保障政策をめぐる議論における最大の懸念は、他国の国内政治の事情に対する冷静で緻密な分析をすることなく、自らの正義のみを振りかざすその内向きな姿勢である。そのような独善的な正義こそが、戦前の日本国民の安全を破壊したのではなかったか。再びそのような独善的な正義が日本国民の安全を損なうような事態が起こらぬように、国際情勢を深く理解するための知的な努力がよりいっそう求められるのではないだろうか。そこにこそ、国際政治を学ぶ意義があり、またそれが平和のために貢献しうる意味があると考える。

7 カオスを超えて——世界秩序の変化と日本外交

日本を取り巻く安全保障環境は混迷を深め、この地域の将来像はよりいっそう混沌としている。はたして日本は、いかなるかたちでこの地域の平和の確立のための努力をするべきなのか。そして、この地域の未来をどのように描くべきなのだろうか。

ここまで、アジア太平洋地域における過去五年間のいくつかの問題を観てきたが、それらは依然として日本の指導者たちを悩ませ続けている問題である。それでは、それらを総合して国際秩序の未来をどのように展望することができるのか。歴史的な視座をもって、アジア太平洋地域の将来を考える上での、いくつかの基本的な前提をあらためて整理することにしたい。われわれはどのような時代に生きていて、これからどのような国際政治を経験することになるのか。国際秩序の未来像を、どのように描くことができるのか。

†これからの国際秩序

二〇一二年一二月、アメリカの国家情報会議（ＮＩＣ）が二〇三〇年の国際情勢を展望する報告書を発表した。そこでは、「パックス・アメリカーナは終焉しつつある」として、覇権国が不在の国際秩序が表出することを予測している。中長期的に、国際情勢が流動化することも視野に入れて、戦略を検討する必要がある。

これからの国際秩序は、どのようになるのであろうか。そして、その中で日本外交は、どのような針路へと進むべきなのだろうか。ここでは、今後の国際秩序を展望しつつ、日本が考慮に入れるべきいくつかの点を指摘したい。

まず、第一に、国際秩序がどの程度安定するかは、その秩序においてどの程度、価値や利益が共有されているかに大きく依拠している。たとえば、環大西洋地域では、アメリカやカナダ、そしてEU諸国は民主主義や自由、法の支配といった基本的な価値観を共有している。それがその地域の平和と安定に大きく貢献した。

他方で、環太平洋地域に目を移すと、それとは大きく異なる現実が広がっている。そこでの主要国であるアメリカ、中国、日本、韓国、オーストラリア、ASEAN諸国、ロシアにおいては、政治体制やイデオロギーなど、多様性が充ち溢れている。たとえば、この地域の海洋秩序を考える際に、航行自由原則をめぐってアメリカと中国は立場を異にしている。この地域の不安定性の本質は、基本的な価値さえもが十分に共有されていないことにあるといえるだろう。

しかし、同時に、アジア太平洋地域では経済的な相互依存が限りなく深まっており、自由貿易を進めて交流を深めることへの共通の利益が存在する。価値が相反しながらも、多くの諸国が利益を共有していることこそが、この地域の国際関係を困難なものにしている。現在の米中関係もまた、軍事的に対立しながらも、経済的に相互依存の状態にある。それは東西間の交流が限られていた冷戦期の米ソ関係とは大きく異なる。

民主主義や自由、法の支配、人権といった基本的な価値を共有するアメリカ、日本、オーストラリアなどの諸国が、この地域に共通のルールや価値を定着させることができるだろうか。このことが、今後のこの地域の国際秩序形成のための焦点となる。TPPに日本が関与する重要性の本質は、そこにある。他方で、中国がそれを受け入れることは自明ではない。中国の参加を得るためには、中国がそれによって明確な利益を得られるという保証が必要となる。そうでなければ、中国はそれに対抗して、アメリカを排除した独自の地域秩序を構築しようと試みるであろう。

†パワーバランスの変容

第二に、グローバルなパワーバランスが大きく変容していることに目を向ける必要がある。中国やインドなどの新興国が急速に台頭して、アメリカの影響力がゆるやかに後退していくとすれば、そのようなパワーバランスの変化がさまざまな新しい摩擦をもたらすであろう。中国はよりいっそう積極的に海洋進出をするようになり、日本との間でより多くの緊張や衝突が生じるであろう。

これまでは、アメリカの圧倒的な軍事力に守られて、この地域で航行自由原則や国際海洋法、そして国際経済のルールが守られてきた。しかしながら、「共通価値」が不在ななかで、アメリカの軍事的関与が退潮するとすれば、この地域の不安定化を招く可能性がある。長期的に考えて、アメリカが現在の水準でアジアへの軍事関与を続けることが困難だとすれば、そこにゆるやかに「力の真空」が生まれる。

だとすれば、それへの対処は二つ考えられる。まずは、日本自らが十分な国力を備えることだ。そのためには、防衛費の増額も必要となるであろう。同時に、日本が集団的自衛権を行使できるように解釈を変更することで、日米同盟をよりいっそう円滑に機能させる必要もあろう。これは、防衛費を増やさずに抑止力を強化するという意味でも有効だ。さらには、日豪や日印で二国間の安全保障協力を強化することで、比較的容易に民主主義諸国の影響力を拡大することが可能だ。

それとともに重要なのが、この地域でルールや法の支配に基づいた国際秩序を確立することだ。二〇一一年一月の訪米の際に、前原誠司外相は、「地域の制度的基盤の整備が急務である今日において、むしろ日米の役割に対する期待は高まっており、私たちの責任は重大だと考えています」と述べている。

重要なのは、そのような「制度的基盤の整備」が、中国の持続的な経済成長のためにも不可欠であることを、中国政府が認識することだ。この地域における国際秩序の不安定化や武力衝突は、必然的に中国への対外投資を萎縮させ、活発な貿易活動を後退させるであろう。それは、中国経済にとっての大きなダメージとなるはずだ。この地域の平和や安定、そして友好的な国際環境こそが、中国の経済成長を支えてきた。政治的目的のために、経済を犠牲にすべきでない。それを中国の政府や市民に向けてアピールすることが不可欠だ。そのためには、優れたパブリック・ディプロマシーが必要となる。

†日本外交に何が求められるか

それでは、主要国の政治指導者の多くが交代した二〇一二年、国際秩序においてどのような変化が見られたのだろうか。また、日本でも新政権が成立して、新しい外交を進めるとすれば、どのような道に進むべきか。

経済成長が続く際には、政府は余剰の富を国民に配分することで一定程度不満を解消することができる。しかし、経済的な停滞が続く時代には、政府は富ではなく、負担を国民に分配せねばならない。世界的不況に伴う倒産や失業によって、国民の間での不満が鬱積すれば、それが激しい政府批判へと直結しかねない。東アジアでは、経済的閉塞感や、国際社会で山積する問題から、ナショナリズムが培養される素地が整っている。ナショナリズムが東アジア各国で興隆することで、この地域はより多くの摩擦に彩られるであろう。

健全なナショナリズムは経済成長をもたらし、国力を増強する。他方で、各国で過激で排他的なナショナリズムが燃え上がることは、衝突の要因となりかねない。そのような衝突が大規模な軍事紛争に至らないようなルールを、より広範に取り入れていくことが不可欠だ。なぜならば、それが関係諸国の「共通利益」となるからだ。

日本外交に求められているのは、国際社会において理性と規律、そしてルールが確立していく手助けをすることだ。国境を越えた経済活動や交流が飛躍的に増大する中で、国際社会において諸国家や市民が守るべきルールを拡大していくことが必要だ。その意味で、日本の国際的な役割はかつてよりも大きい。

はたしてこれからの世界が混沌へ向かうのか。あるいは安定的な秩序へと向かうのか。その一つの大きな鍵となるのが、各国の世論において理性と感情がいかに結びつくかである。人々の感情を否定することはできないし、否定すべきでない。人間は、他国の発展に嫉妬の感情を抱き、また周辺国の軍備増強に不安を覚える。さらには急成長を続けることで、傲《おご》りが生まれる。フランスの国際政治学者のドミニク・モイジは『「感情」の地政学』（櫻井裕子訳、早川書房、二〇一〇年）と題する著書の中で、これからの世界政治が感情と感情の衝突によって動かされると予期している。

その感情を抑制するのが、理性である。合理的な利益の考慮や、冷徹な力の計算に基づいて、われわれは外交を組み立てていく必要がある。各国において、そのような感情を理性によって抑制することができれば、世界秩序に一定のルールが確立するであろう。そのような方向へと牽引することが、日本外交の大きな使命であってほしい。

Ⅳ 日本の平和主義はどうあるべきか
——安保法制を考える

国連PKO活動・南スーダン派遣団の自衛隊［UNMISS提供］（photo © AFP=時事）

1 集団的自衛権をめぐる戦後政治

二〇一四年七月一日に安倍晋三内閣において、集団的自衛権の部分的行使容認を含めた安全保障法制に関する閣議決定がなされた。その後、二〇一五年九月のいわゆる「安全保障関連法」の成立をへて現在にいたるまで、この問題が大きな政治上の争点になってきたのは周知の通りであろう。この問題をめぐっては、憲法学者や内閣法制局の元長官らが違憲という評価を下すとともに、日本の世論の一部からは、従来の平和主義の伝統を覆すものと厳しい批判がなされた。

集団的自衛権の行使をめぐる問題は、憲法や国際法、安全保障研究や、戦後政治史など、幅広い知識を総合的に連関させて、適切に理解することが重要だ。しかしながら、問題がきわめて複雑であることもあり、議論が短絡的になされることが多い。一方的にその「危険」を語る論調や、主権国家としてその行使を自明視する論調が見られる。

ここでは、戦後政治史の文脈の中で、もう一度この問題の来歴を考えることにしたい。

というのも、集団的自衛権の行使に関して全面禁止という見解を政府が確立したのは、一九八一年五月二九日がはじめてのことであって、それ以後の展開のみを見ていてはこの問題の本質を見誤ってしまうからだ。そこに至る過程がいかなるものであって、どのような理由でそうした政府解釈が生まれたのかをみることは、意味のあることであろう。

†集団的自衛権の合憲性という問題

集団的自衛権をめぐる政府の解釈は、戦後政治の中で翻弄され、漂流してきた。というのも、そもそも日本国憲法九条では、集団的自衛権の行使が可能かどうかは、明文上は示唆されていないからだ。したがって、内閣法制局は集団的自衛権の行使が可能か否かについて、その立場が微妙に揺れ動いてきた。その点について、一部の憲法学者や、行政法学者、国際法学者などは、憲法解釈上必ずしも集団的自衛権の一部行使容認が違憲とは断定できないことに言及している。

たとえば憲法学が専門の大石眞京都大学教授は、「日本政府は、日本国が国際連合に加盟した時点で、集団的自衛権について明確な観念をもっていたとはいえないようである」と述べ、「集団的自衛権が認められないとする根拠は、必ずしも明らかではない」と論じている。[*1]

さらに大石は、集団的自衛権行使の一部容認を含めた二〇一四年の政府解釈の変更について、次のように述べている。

「ともあれ、今回（二〇一四年七月）の政府解釈に関しては、限りなく個別的自衛権に近い範疇の話であると思いますし、野放しに自衛隊を派遣するような話ではないわけですから、それを大転換だと批判したことは不思議です。

過去に賛成していた憲法学者がなぜ途中で主張を転じたのか、実際のところは不明ですが、そこにはある種の〝政権に対するスタンス〟が垣間見られます。しかし、我々研究者としては、特定の政権へのスタンスでものを言うべきではありません。もし、そこを誤ってしまえば、学者や研究者としての範囲を逸脱することになります。

憲法学者に求められることは、国民の生命・自由や財産などを守るという前提の下に、時代とともに変化する規範を、現実の出来事に適切にあてはめていく、そうした責任ある解釈者の姿勢であると思います[*2]」

さらに、東北大学名誉教授で、行政法が専門の、藤田宙靖《ときやす》元最高裁判事は、一部の憲法学者が政治的立場から安倍政権の憲法解釈の変更を違憲と断定することを批判して、さらに内閣法制局の憲法解釈決定権限を過度にあがめるような立場からは、次のように距離を置いている。

「巷にしばしばみられる『憲法の番人である法制局が従来の憲法解釈を変えることは許されない』という主張には、法理論的には根拠が見出せない。まず、内閣法制局は、『憲法の守護神』ではない。上記に見たとおり、憲法法規の内容について最終的判断権を持つのは最高裁判所であって、他の国家機関による法解釈は、その意味においては、あくまでも暫定的なものである。まして法制局は、上記のように、単なる内閣の補助機関であるにすぎない」[*3]

さらに、藤田は、憲法学者が政治的スタンスから、憲法解釈について政治的に論じるその姿勢を厳しく批判して、次のように述べている。すなわち、「仮に憲法学がなおも法律学であろうとするならば、政治的思いをそのまま違憲の結論に直結させることは、むしろその足元を危うくさせるものであり、法律学のルールとマナー……とを正確に踏まえた議論がなされるのでなければならない。この意味において、今回の事態が憲法学に突き付けた問題が、正確にはどのようなことであったのか、そして、憲法学は、その何に答え何に答えていないのかについての整理をする作業だけは、少なくとも法律学者の誰かがしておかなければならない」[*4]と。

また、国際法が専門の村瀬信也上智大学名誉教授も、「憲法九条は自衛権について何ら規定しておらず、個別的自衛権についてはこれを容認し、集団的自衛権についてはその保有を認めつつ行使を認めないということは、少なくとも規定上からは何らその根拠を見いだすことはできない」と論じる[*5]。

それでは、いつどのようにして、集団的自衛権の行使が違憲だという解釈が確立したのであろうか。それはどのような理由と経緯によるのであろうか。まずは、「集団的自衛権」なるものが、いかなる概念であるかを確認することにしたい。

†「集団的自衛権」の誕生——一九四〇年代

そもそも「集団的自衛権」という概念は、新しい概念なのか。あるいは以前から国際法に見られた概念なのか。

自衛権に関する国際法の大家であるケンブリッジ大学のクリスティーヌ・グレイ教授は、「集団的自衛権というものが、一九四五年の国連憲章に挿入された新しい概念であるか否かについて、意見の対立が見られてきた」と述べる。[*6] また、オクスフォード大学の国際法の権威であったイアン・ブラウンリー教授は、「集団的自衛権とは、一九四五年以前にも受け入れられてきた概念であり、憲章五一条において明文上で認識されるようになった」と記している。[*7]

このように、集団的自衛権とは必ずしも戦後初めてでてきた概念ではないことは理解できるだろう。むしろ、一九八六年の国際司法裁判所（ＩＣＪ）におけるニカラグア事件判決で確認されたように（二五五頁以下も参照）、国連憲章以前から存在した、国家において「固有の権利」とみなす見方が一般的といえる。概念自体は実質的にそれ以前から存在していて、一九二五年のロカルノ条約でも示されたものであるが、一九四五年の国連憲章五一条で明確な名称と位置づけが条文上で与えられたのである。

なお、「集団的自衛権」という名称が、はじめて国際会議で確立した用語として登場するのが、国連憲章起草のための一九四五年のサンフランシスコ会議での、六月一一日に行われた「安全保障に関する第三コミッション」における「地域的取り決め」の第四小委員会であった。[*8] ここでは、コロンビア外相のアルベルト・リェラス・カマルゴ博士が議長となって、国連憲章のなかで「地域的取り決め」をどのように位置づけるかが、大きな議論となった。この委員会の議論の中では、当初は、国際紛争が勃発した際には、最初の段階で平和的な解決、とりわけ仲裁や交渉とともに、「地域的機構や処理」による解決を目指す必要が指摘されていた。

このように、当初は、安全保障理事会についての討議のなかで、地域的機構による紛争処理の必要性が指摘されていたが、最終的な文言では「地域的機構」ではなくて、より抽象的な「集団的自衛権」というかたちで、加盟国による武力行使が例外的に許容されるものとして個別的自衛権と並べられた。[*9] 国連憲章起草時には、どのようなかたちで加盟国の安全を確保することができるかについて、多様な見解が見られたのである。

一九四五年六月二六日に調印された国連憲章の第五一条では、自衛権に関する規定が次のように記されている。「この憲章のいかなる規定も、国際連合加盟国に対して武力攻撃が発生した場合には、安全保障理事会が国際の平和及び安全の維持に必要な措置をとるまでの間、個別的又は集団的自衛の固有の権利を害するものではない」。

ここで記されているとおり、自衛権の行使の問題は、国連が規定する集団安全保障の実現可能性と補完的に考えていかなければならない。すなわち、国連では憲章七章の集団安全保障によって、加盟国の安全が守られることになっているが、それだけでは憲章七章に基づいて国連軍が組織されるまでは、侵略から自国を守る手段がないことになる。したがって、侵略行為を防いで紛争の拡大を阻止するためには、加盟国が国連憲章五一条に基づいて個別的あるいは集団的自衛権を行使して、各自で侵略行為に対処することで、全体としての紛争の拡大を防止することになる。

ところが、一九四〇年代の後半になって冷戦が深刻化していくことで、大国間協調を基礎とする国連安保理の決定に基づく集団安全保障の実現がきわめて困難となっていった。だとすれば、必然的に、国連憲章五一条の個別的および集団的自衛権の持つ意義の比重が、大きくなっていく。当初は、国連憲章七章の集団安全保障を中核として加盟国の安全と国際社会の平和を確立するはずであったのが、冷戦の進展とともにむしろ国連憲章五一条の集団的自衛権の条項を用いて平和と安全を確立することが肝要になっていく。

一九四九年四月に北大西洋条約が調印され、一九五一年九月に日米安全保障条約が調印されたのも、そのような理由によるものであった。さらには、一九五〇年六月の北朝鮮軍による韓国への侵攻は、よりいっそう自衛と抑止の必要性を国際社会に認識させるに至った。冷戦下で東西問の緊張が高まるにつれて、各国はやむをえず個別的および集団的自衛権に依拠して自国の安全を確保せねばならなくなったのだ。

†集団的自衛権の部分的容認――一九五〇年代

このような背景の下、一九五〇年代に日本においても集団的自衛権の問題が国会などで議論されるようになっていく。この時代においては現代とは異なり、法制局(一九六二年に「内閣法制局」と改称)など政府内では、日本国憲法前文に見られる「国際協調主義」の精神が色濃く見られていた。すなわち、「いずれの国家も、自国のことのみに専念して他国を無視してはならない」と憲法前文に記してある以上、日本もまた国際社会で一定の貢献をすることが自明視されていたのだ。このことは、一九五四年六月に自衛隊法が公布されたこと、そしてさらには一九五六年一二月に日本が国連加盟を実現させたことで、よりいっそう強く意識されるようになる。

自衛権の行使のための条件が明確なかたちで国会に示されたのは、一九五四年のことである。ここで下田武三外務省条約局長は、国会答弁において、「国際法上自衛権を行使し得るのは、急迫した危害が国家に加えられるということ、そして危害除去に必要な限度でなければ行使し得ないということ、またその危害を除去するために他にとる手段がないということ、この三つの条件が必要」だと論じた。*10

これを受けて佐藤達夫法制局長官は、これを自衛のための「三条件」とした。すなわち、「他に方法がない」、「急迫不正の危害があること」、「必要最小限の措置」という三つの条件があってはじめて、日本国政府は自衛権を行使できるとしたのである。ここではじめて、「必要最小限の措置」という自衛権の条件が提示される。本来下田局長は、国際法における一般理解である自衛権行使における「均衡性」の原則を指摘したに過ぎないのだが、おそらくそれを拡大解釈して佐藤長官は「必要最小限」という言葉に置き換えたのだろう。

それでは、この段階では、集団的自衛権の行使は禁止されていたのだろうか。必ずしもそうとはいえない。というのも、この時期には、集団的自衛権が多義的にとらえられており、行使可能なものとそうでないものに二分されていたからだ。

一九五〇年代末に、日本がアメリカとの同盟国であるならば、「極東における国際の平和及び安全の維持」のために、自衛隊を海外に派兵しなければならなくなるのではないか、という議論がなされるようになった。それに関して、林修三法制局長官は、たとえば一九六〇年三月三一日の参議院予算委員会での答弁で、「集団的自衛権という言葉についても、いろいろ内容について、これを含む範囲においてなお必ずしも説が一致しておられないように思います」として、次のように述べている。[*11]

すなわち、「日本国憲法に照らしてみました場合に、いわゆる集団的自衛権という名のもとに理解されることはいろいろあるわけでございます」と述べ、そのなかで「外国まで出て行って外国を守るということは、日本の憲法ではやはり認められていないのじゃないか、かように考えるわけでございます」と論じたのだ。[*12] 集団的自衛権行使の中でも、他国への自衛隊派兵は認められないという立場である。「いろいろある」集団的自衛権の行使のかたちとして、「他国防衛」は憲法上認められないという解釈が、ここで確立していく。

とはいえこの時期には、行使可能な集団的自衛権もあるという認識が、一般的であった。岸信介首相は、一九六〇年四月二〇日の衆議院日米安全保障条約等特別委員会で、「基地を貸すとか、あるいは経済的の援助をするとかいうことを、やはり内容とするような議論もございますので、そういう意味からいえば、そういうことはもちろん日本の憲法の上からいってできることである」と述べた。[*13] これは林法制局長官の見解でもあった。

つまり、一九五〇年代末から一九六〇年代にかけての法制局は、集団的自衛権行使の全面禁止論ではなく部分的容認論をとっており、日本国憲法が禁止しているのはあくまでも「他国防衛」だという論理だったのである。このような岸首相の答弁を受けて、読売新聞では、「集団的自衛権ある　首相答弁〝他国防衛〟除き」と、適切に報道されていた。[*14]

他方で、この時期には「自衛」と「他衛」が必ずしも明確に区分されていたわけではない。北大西洋条約機構（NATO）軍のように、多数国が一体となって抑止力を構築する際に、それを自国と他国に明確に区別することは困難であろう。それゆえ、田中耕太郎最高裁長官は、砂川事件判決における補足意見として、「こんにちはもはや厳格な意味での自衛の観念は存在せず、自衛はすなわち『他衛』、他衛はすなわち自衛という関係があるのみである。従って自国の防衛にしろ、他国の防衛への協力にしろ、各国はこれについて義務を負担しているものと認められる」と明言している。[*15]

さらには、田中はこのことについて、「これは諸国民の間に存在する相互依存、連帯関係の基礎である自然的、世界的な道徳秩序すなわち国際共同体の理念から生ずるものである。このことは憲法前文の国際協調主義の精神からも認められ得る」とも論じている。ここで、田中が「憲法前文の国際協調主義の精神」と述べていることに留意したい。日本の国連加盟からまだまもなく、国民の間でも広く、日本がなんらかのかたちで国際社会の平和と安定に貢献するべきだという認識が見られた。むしろこの時代には、このような見方が一般的であった。

†集団的自衛権と国連軍をめぐる論争――一九六〇～七〇年代

このような認識が、国際環境の変化に応じて転換したのが一九六〇年代半ばのことであった。それは、ベトナムと朝鮮半島の情勢を受けてのことであった。日本国内で、自衛隊がアメリカの行う戦争に巻き込まれるのではないかという不安が、渦巻くようになった。一九六〇年代からアメリカは本格的にベトナムに軍事介入をするようになり、日本国内では激しいベトナム反戦運動が展開した。また、一九六五年に日本と韓国とが日韓基本条約を締結して国交正常化をしたことで、朝鮮半島の有事の際に自衛隊も巻き込まれるのではないかという懸念が広がっていた。それゆえにこの時期に国会では繰り返し、自衛隊の海外派兵の可能性と、ベトナム戦争や第二次朝鮮戦争へと巻き込まれる可能性が指摘され、政府への批判が強まっていた。

他方で、外交の基本方針として「国連中心主義」を掲げていた外務省としても、国連加盟後に一定ていど日本も平和のために貢献する必要を認識していた。このとき外務省は、はたして自衛隊の国連軍や国連平和維持活動（ＰＫＯ）への参加が憲法上可能かどうかを、内閣法制局に確認している。その回答として、内閣法制局は、武力行使を伴う場合であっても、自衛隊がＰＫＯに参加することは憲法上問題ないという立場であった。これは、明らかに、その後の内閣法制局とは異なる見解である。

また、当時の自民党政権においては、憲法前文の「国際協調主義」からも、日本が積極的に国連に協力することに対しては、現在とは異なり前向きな見解が多く見られた。

たとえば、当時首相秘書官であった宮澤喜一は、「憲法そのものが国連に頼って、世界の平和を維持しようという考え方に立っているわけですから、それに貢献するために、日本の直接のコントロールに置かれないような形での世界の平和維持のための警察軍、警察というんですか、軍隊というんですか、そういうものに参加するということは、憲法の基本的な考え方に反しない」と述べている。[*16]また、吉田茂元首相も、自らの著書の中で、「国際連合の一員としてその恵沢を期待しながら、国際連合の平和維持の機構に対しては、手を籍《か》そうとしないなどは、身勝手の沙汰、いわゆる虫のよい生き方とせねばなる

吉田茂

まい」と批判している。[17] さらには、池田勇人首相自らも、「ほんとうに警察目的であって、しかも世界治安維持のためならば、憲法上考えられる場合もある[18]」とした。

このあたりは、近年新たに公開された外交史料などを用いた優れた研究がいくつか見られるようになり、日本外交史が専門の村上友章三重大学特任准教授や、阪口規純東京国際大学准教授の研究により、その経緯が明らかになっている。[19]

このとき内閣法制局は、「いわゆる国連軍とわが憲法」という文書の中で、第一に武力行使を伴わない国連活動への自衛隊参加は憲法上問題なしとして、第二に国連の武力行使が「当該国際社会の構成国を超越する政治組織が存在している場合」で、なおかつ「右の政治組織の意志により武力が行使される場合」は、自衛隊のそこへの参加が憲法上可能と判断した。[20] これは、自衛隊の国連軍および国連PKOへの参加を合憲とする判断であった。もちろん、そこでの戦闘への参加も想定されていた。

ところが、この内閣法制局の判断に基づいて進められていた外務省国連局政治課作成の資料が一九六六年二月に東京新聞にスクープされて、これに野党が飛びついて与党攻撃の材料とした。これは政府としては予期せぬことであった。社会党は、この文書を在韓国連軍への協力を企図したものであると批判し、また緊迫化するベトナム戦争を背景にして、

「ベトナム侵略政策に軍事的に協力しようとする企図のあらわれ」という声明を発表して、激しく政府を批判した。[*21]

†「海外派兵」はしない——政治的妥協

自衛隊の憲法上の合法性と安全保障上の必要性を国民に説明して受け入れてもらうためにも、政府は次第に自衛隊の目的を個別的自衛権の行使に限定して、自衛隊の海外派兵の禁止を規定する憲法解釈を確立していく。佐藤栄作政権は、野党である社会党との妥協により予算成立を早期に達成するためにも、憲法上、自衛隊法改正による海外派兵はできないという立場を明らかにした。この佐藤政権の決断が、後の政府解釈を拘束していく。

他方で、一九六六年三月五日に椎名悦三郎外相が、海外での戦闘を前提とする「海外派兵」と、そうでない「海外派遣」とを分けたことで、かろうじて自衛隊のＰＫＯへの限定的参加が可能となる余地を残した。その後に確立する集団的自衛権の行使禁止の論理は、あくまでもベトナム戦争への日本の参戦や、第二次朝鮮戦争の可能性が国会で議論される中で、政治的および政局的な理由から自衛隊を海外に派兵しないという確約を示す目的で、これ以降に浸透していく。

そこで重要な役割を担ったのが、内閣法制局であった。内閣法制局は、純粋に司法的な判断をするというよりも、与党と野党の双方の主張を聞き入れた上で、政治的な妥協のあり方を模索して、国民に受け入れ可能な政府見解を生み出す傾向が強かった。このことについて、政治学者の牧原出東京大学教授は、次のように述べている。

「そもそも内閣法制局は、設置法上は内閣に置かれる組織であり、主任の大臣は内閣総理大臣である。その自立性は、法制上の性格によるのではなく、法制上の意見を内閣に述べるという機能にもとづいている。というのは、内閣が法制上の意見を集約することで、閣議決定や質問趣意書のみならず、国会審議での内閣側の答弁が蓄積されてきたからである。法制局長官経験者の吉國一郎は、『55年体制下では』と限定をつけつつ、過去の答弁を変更できないのは、『国会の総意で決まっている』と自民、社会両党が動かす国会対策委員会が主張するからだと述べる[*22]」

吉國元長官は、このようにして、そもそも内閣法制局が「過去の答弁を変更できない」ことと、「自民、社会両党が動かす国会対策委員会」がそのような「国会の総意」としてのコンセンサスをつくるために内閣法制局を用いていることを明らかにする。すなわち、政治的妥協として内閣法制局は、国民に幅広く受け入れ可能なコンセンサスとなるような政府見解をつくることを求めて、自衛隊と日米同盟を国民が受け入れるための前提条件として、「海外派兵はしない」という論理を政治的な理由からも生み出したのである。

このようにして、一九六六年以降、自社の国対政治の帰結として、「海外派兵はしない」というコンセンサスがつくられる。それは、国会が自衛隊と日米同盟を受け入れるための代償であって、同時に国民世論が強く求めたことでもあった。それはあくまでも、政局的および政治的な目的のためにつくられた憲法解釈であり、その背景としてベトナム戦争の激化という安全保障環境と、そこへの日本の自衛隊参加の可能性という懸念が存在していたことが重要であった。内閣法制局は、そうした国民的コンセンサスを支えるための政府見解を生み出していったのだ。

そのような動きの末に、一九七二年に内閣法制局は、「我が憲法の下で武力行使を行うことが許されるのは、我が国に対する急迫、不正の侵害に対処する場合に限られるのであって、したがって、他国に加えられた武力攻撃を阻止することをその内容とするいわゆる集団的自衛権の行使は、憲法上許されないといわざるを得ない」と、はじめて集団的自衛権の行使が憲法上許されないと明確に説明する政府見解を示した。これは、従来見られたような「憲法前文の国際協調主義の精神」を大幅に後退させて、個別的自衛権のみに厳しく限定するような、ナショナリズムに基づく論理でもあった。

ここでは、「国民の生命、自由及び幸福追求の権利を守るための止むを得ない措置」としてならば自衛権の発動が認められるとしており、そうだとすれば、それを敷衍《ふえん》して解釈することでその目的のためであれば集団的自衛権の行使にあたるものであっても憲法上認められるという論理が可能となる。二〇一四年の閣議決定が立脚したのは、一九七二年の政府見解のこの部分の憲法解釈である。

このように集団的自衛権の行使が違憲だと判断される大きな理由は、ベトナム戦争や勃発が懸念される第二次朝鮮戦争への自衛隊の派兵の可能性が強く批判されたことによる政局的なものであった。それによって、自衛隊の海外派兵を断念する結果につながった。保革伯仲が生まれ、革新勢力が伸張する一九七〇年代には、次第に国会対策の論理からも、自衛隊の国際平和協力活動などへの参加に向けた努力が止まっていった。

自衛隊は日本の国民と国土を守るためだけに用いられるべきだと認識されるようになってしまい、かつて政府内に見られた国際協調主義の精神が衰退していったのだ。代わりに、政府は次第にODA（政府開発援助）のような、非軍事的な手段を用いて国際協調主義を実践する方向へと、動いていく。

†「一九八一年見解」の誕生

その論理的帰結として、一九八一年の集団的自衛権行使の全面禁止論が誕生する。

一九八一年五月に内閣法制局は、それまでのような集団的自衛権に関する玉虫色の判断を回避して、集団的自衛権行使の全面禁止という憲法解釈へとシフトした。これが決定的な転機となり、これ以降三〇年を超えて集団的自衛権の行使ができないという政府解釈をとり続けてきた。

一九七六年には戦後初めてとなる防衛大綱が成立し、また一九七八年には日米防衛協力のための指針（ガイドライン）が合意されたことで、自衛隊はシーレーン防衛を含めてより大きな責任を担うようになる。そのようななかで、自衛隊の海外派兵の全面禁止と、集団的自衛権行使の全面禁止、さらには武力行使を伴うPKOへの参加も全面禁止と位置づけられるようになる。

これは、戦後の日本の安全保障法制の一つの興味深いパターンであるが、防衛大綱や日米ガイドラインによって日本の安保法制に一定の進捗がみられるようになると、内閣法制局がそれに歯止めをかけて、可能な限り自衛隊の活動を制約するような仕組みを、従来の憲法解釈の枠組みを超えて付加しようとする。したがって、それまでは集団的自衛権の部分的禁止論であったのが、海外派兵をおそれる国会での野党の批判や、国民世論の懸念を解消するために、よりいっそう抑制的な政府解釈を生み出して、自衛隊の活動を封じ込める必要があるという認識を、政府見解を通じて作り出してきたのだ。

一九八一年の政府見解では、次のように記されている。

「国際法上、国家は、集団的自衛権、すなわち、自国と密接な関係にある外国に対する武力攻撃を、自国が直接攻撃されていないにもかかわらず、実力をもって阻止する権利を有しているものとされている。

我が国が、国際法上、このような集団的自衛権を有していることは、主権国家である以上、当然であるが、憲法第九条の下において許容されている自衛権の行使は、我が国を防衛するため必要最小限度の範囲にとどめるべきものであると解しており、集団的自衛権を行使することは、その範囲を超えるものであって、憲法上許されないと解してい

る」（稲葉誠一衆議院議員に対する答弁書、一九八一年五月二九日）

このように、一九七二年から一九八一年の一〇年ほどの間に、集団的自衛権の行使の全面禁止論が、内閣法制局が生み出した政府見解として確立された。それは、一九六〇年以降見られてきたような、集団的自衛権の部分的容認論とは一線を画する新しい政府見解であり、内閣法制局は部分的容認論から全面禁止論へと、それまでの集団的自衛権をめぐる憲法解釈を静かに変えていってしまったのだ。

†憲法解釈の変更は可能か

この頃から新しい変化が見られる。すなわち、内閣法制局が政府の法解釈上の排他的かつ絶対的な権限論者であるかのような認識が広がっていき、憲法解釈を変更すること自体が認められないというような論理が確立していった。すなわち、何度か憲法解釈の変更を行ってきたそれ以前とは異なって、内閣法制局は「過去の答弁を変更できない」と考えるようになっていった。

そのひとつの契機と考えられるのが、一九六〇年に予算上の措置として設けられた内閣法制局参与会である。この「参与会」は、政府の憲法解釈を形成する上での法的根拠がないながらも、所掌事務として、内閣法制局の「所掌の法律問題に関し法制局長官の諮問に答申させ、又は内閣並びに内閣総理大臣及び各省大臣等に対する法令の解釈に対する意見の回答、法律案・政令案の審査立案、条約案の審査に当たり、学界等の権威者より助言と協力を受けるために五人の参与を設置」するもので、これが制度化されていった。*23

一九七〇年代以降、この参与会が硬直化していき、過去の答弁を変更させないための圧力集団になっていく。*24 一九八一年に作成された、集団的自衛権行使全面禁止論の論理についても同様であった。その立論の前提となる安全保障環境が変化しても、また後の内閣がそれについての憲法解釈の変更を行おうとしても、従来の内閣法制局が作成した国会答弁における政府解釈を死守すること自体が自己目的化していった。

そのような内閣法制局の、硬直的で、官僚主義的な先例に「政治主導」の名の下に風穴を開けようとしたのが、実は二〇〇九年に成立した民主党政権であった。朝日新聞のインタビューで、「大臣が法令解釈を担当すると、恣意《しい》的な変更の危険が生まれませんか」という質問に対して、民主党政権で法令解釈担当相を務めた枝野幸男は、次のように返答している。

「それは勘違いでしょう。もともと内閣法制局は広い意味での意見具申機関だから、長官が何を言っても、首相や官房長官が『あれは参考意見です』と言えばおしまい。それは各省の事務次官が色々な意見を言っても最終的には大臣の判断で決まるのと同じことです。担当大臣がおかれても変わらない」[*25]

「間違った憲法解釈の是正はあり得る」というタイトルのインタビュー記事で、枝野は「政治主導」で、「首相や官房長官が『あれは参考意見です』と言えばおしまい」と答えている。

同様に、官房副長官を長く務めた石原信雄もまた、内閣法制局のあるべき姿について問われたインタビューで、次のように返答している。

「法律の解釈について、内閣は法律の専門家である内閣法制局の意見を十分に尊重したらいいと思うが、国際情勢などの変化で従来の解釈が通用しないような事態が起きた場合には、内閣の責任で解釈を変えることはあっていいと思う。解釈変更をルーズにやったら法律の番人としての役割が果たせない、という法制局の心配もわかるが、法制局が治外法権のように『一切の解釈変更は許さない』というのは行きすぎで、一種の官僚支配になってしまう[*26]」

このようにして、民主党政権は「政治主導」の旗の下で、内閣法制局の硬直的な憲法解釈に対抗するために、内閣が責任を持って解釈変更をする必要を主張した。官房長官時代の仙谷由人は、「憲法解釈は、政治性を帯びざるを得ない。その時点、その時点で内閣が責任を持った憲法解釈論を国民のみなさま方、あるいは国会に提示するのが最も妥当な道であるというふうに考えている[*27]」と述べている。

民主党政権時代に、枝野法令解釈担当相を中心に、あくまでも内閣が責任を持って憲法解釈の変更をするべきだと主張していた。だとすれば、二〇一五年の安保関連法審議の際に、民主党議員が、一内閣ごときが憲法解釈をすることは許されないと、内閣法制局の硬直的な憲法解釈を金科玉条の如く祭り上げたことは、主張の一貫性において大きな問題があると言わざるをえない。

注

＊1　大石眞『憲法講義Ⅰ・第2版』（有斐閣、二〇〇九年）七〇－七一頁。

＊2　大石眞「憲法解釈の変更可能性を認め、規範を時代に適合させる」『第三文明』一二月号（二〇一五年）二三－二五頁。

＊3　藤田宙靖「覚え書き――集団的自衛権の行使容認を巡る違憲論議について」『自治研究』第九二巻、第二号（二〇一六年）一三頁。

＊4　同、二五頁。

＊5　村瀬信也「安全保障に関する国際法と日本法――集団的自衛権及び国際平和活動の文脈で」『国際法論集』（信山社、二〇一二年）二二九頁。

＊6　Christine Gray, *International Law and the Use of Force*, 3rd edition（Oxford: Oxford University Press, 2008）p.170.

＊7　James Crawford, *Brownlie's Principles of Public International Law*, 7th edition（Oxford: Oxford University Press, 2008）p.749.　他方で、二〇〇四年から二〇〇六年まで内閣法制局長官を務めた阪田雅裕は、「このように個別的自衛権が国際法上も長い伝統を有する概念であるのに対して、集団的自衛権は、国連憲章に現れるまで、国際慣習法上の権利としては論じられたことがないものであった」と記している。阪田雅裕『政府の憲法解釈』（有斐閣、二〇一三年）五一頁。これは国際法として、一般的に考えると、適切な理解とはいえない。なお、ニカラグア事件をめぐるI

ＣＪ判決の少数意見として、小田滋裁判官は、集団的自衛権という用語は一九四五年まで知られておらず、固有の権利とは言いがたいと指摘している。中谷和弘「集団的自衛権と国際法」村瀬信也編『自衛権の現代的展開』（東信堂、二〇〇七年）三五頁。
＊8　CAB21/2307, Report of Dr. V.K. Wellington Koo, Rapporteur of Committee III/4, to Commission II, June 11, 1945, The National Archives, Kew, the United Kingdom.
＊9　Ibid.
＊10　浦田一郎編『政府の憲法九条解釈――内閣法制局資料と解説』（信山社、二〇一三年）二五頁。
＊11　阪田『政府の憲法解釈』四九‐五〇頁。
＊12　同。
＊13　同、五〇頁。
＊14　小川聡「時代に合わせて変遷した憲法解釈」『中央公論』六月号（二〇一四年）一〇八頁。
＊15　西修『憲法改正の論点』（文藝春秋、二〇一三年）一二七頁。
＊16　宮澤喜一『社会党との対話』（ミリオン・ブックス、一九六五年）一一〇頁、村上友章「吉田路線とＰＫＯ参加問題」『国際政治』第一五一号（二〇〇八年）一二五頁を参照。
＊17　吉田茂『大磯随想・世界と日本』（中央公論新社、二〇一五年）二三〇頁。
＊18　第三八回国会衆議院本会議会議録第九号（一九六一年二月二三日）、村上「吉田路線とＰＫＯ参加問題」一二五頁参照。
＊19　村上友章「国連安全保障理事会と日本　一九四五〜七二年」細谷雄一編『グローバル・ガバナ

ンスと日本』（中央公論新社、二〇一三年）一八五－二二二頁、阪口規純「佐藤政権期の国連協力法案の検討――内閣法制局見解を中心に」『政治経済史学』五一六号（二〇〇九年）を参照。

＊20　村上「吉田路線とPKO参加問題」一二九頁。

＊21　同。

＊22　牧原出『「安倍一強」の謎』（朝日新聞出版、二〇一六年）一三七－一三八頁。

＊23　大石眞「内閣法制局の国政秩序形成機能」『公共政策研究』第六号（二〇〇六年）一五頁。

＊24　「国益より憲法――検証・内閣法制局（上）――首相に逆らう法の番人『憲法守って国滅ぶ』」『産経新聞』二〇一三年一一月二六日。

＊25　「間違った憲法解釈の是正はあり得る――枝野幸男・前法令解釈担当相（現民主党幹事長）インタビュー」『朝日新聞GLOBE』二〇一〇年六月一四日。

＊26　「法制局の意見は十分に尊重。解釈の変更は内閣の責任で　石原信雄・元官房副長官」同。

＊27　「内閣が責任を持った憲法解釈論を国民のみなさま方、あるいは国会に提示する」同。

2 「平和国家」日本の安全保障論

†安保法制をめぐる議論の不毛

二〇一五年の春から秋にかけて、安保法制をめぐりその賛成派と反対派の間で激しい論争が繰り広げられたが、今から振り返るとその内容が実に不毛であったことに気がつく。というのも、日本のあるべき安全保障政策や、戦後日本でコンセンサスとなっていた「平和国家」としての日本のアイデンティティについて、今後どのように考えていくべきか、ほとんど実質的な議論がなされなかったからである。

もっぱら、憲法解釈上の技術論や、安倍首相をはじめとする閣僚らの態度への攻撃に終始するなど、日本を取り巻く安全保障環境の変化や、冷戦後の日本に対する脅威の質的な変化について、深みのある議論が聞かれることは稀だった。そのような不毛な論戦に国民はしだいに疲れ、退屈し、嫌悪感を抱いたのではないか。安保関連法の必要性を主張する

2015年８月30日、国会前の安保関連法反対デモ（©AA／時事通信フォト）

政府の側も、その廃案を求める反対派の側も、同様にして安全保障政策論の本質から離れた議論にあまりにも多くの時間を使ってしまった。

ここでは、「平和国家」というコンセンサスが国民の間に広く浸透しながらも、今後日本が選択すべき安全保障政策に関する進路についてまったく見解が分裂している現実を直視して、その問題点と今後行うべき議論について考えることにしたい。

†「平和国家」というコンセンサス

二〇一五年八月三〇日、国会周辺では参議院で審議中の安全保障関連法案に反対する大規模なデモが行われた。主催者側の発表ではおよそ一二万人、警視庁の調べでは三万人と、参加者数の見積もりでは大きな差が見られるが、いずれにせよ多くの人が国会周辺に集まって、安保関連法案を廃案にすることを求める大きな声が鳴り響いた。

このデモの中核を担ったのが、ＳＥＡＬＤｓと呼ばれる、新しいかたちの学生主体の運動である。この団体のホームページを見ると、「オピニオン」として、「私たちは、対話と協調に基づく平和的な外交・安全保障政策を求めます」と書かれている。さらには、「北東アジアの協調的安全保障体制の構築へ向けてイニシアティブを発揮するべきです」とも記されている。

実に興味深いことに、ここで掲げられている平和国家としての理念は、彼らが批判を展開している対象である、安倍晋三政権が進めている安全保障政策の理念でもある。批判している側も、されている側も、いずれも平和国家としての理念を堅持する必要を謳い、戦争の反省から平和の価値を強調する。

安倍政権の下で、二〇一三年一二月一七日に公表された「国家安全保障戦略」では、「我が国が掲げる理念」として、「平和国家としての歩みを引き続き堅持し、また、国際政治経済の主要プレーヤーとして、国際協調主義に基づく積極的平和主義の立場から、我が国の安全及びアジア太平洋地域の平和と安定を実現しつつ、国際社会の平和と安定及び繁栄の確保にこれまで以上に積極的に寄与していく」と論じている。

またそこでは、次のようにも記されている。「我が国は、戦後一貫して平和国家としての道を歩んできた。専守防衛に徹し、他国に脅威を与えるような軍事大国とはならず、非核三原則を守るとの基本方針を堅持してきた」。そして、「各国との協力関係を深め、我が国の安全及びアジア太平洋地域の平和と安定を実現してきている」とも述べられている。この文書が閣議決定されている以上、今後政府はこのような理念に従うことが想定されている。

このようにして、「平和国家」であること、そして「専守防衛」に徹すること、また「他国に脅威を与えるような軍事大国とはならず」さらには「各国との協力関係を深め」ることについては、もはや日本国民の間で幅広く認識が共有されている。平和国家日本という理念は、イデオロギー的な左右を問わず、国民の中でコンセンサスとして確立したということができるのではないか。シリアで過酷な人道的悲劇が起こっていても、ウクライナ東部で飽くことなく戦闘が続いていても、日本が自衛隊を派遣してそこでの戦闘に加わるべきだという声はまったく聞こえない。

八月三〇日の国会デモの半月ほど前、安倍晋三首相は、戦後七〇周年となる総理大臣談話を発表した。この安倍談話のなかでは、次のように述べられている。

「私たちは、自らの行き詰まりを力によって打開しようとした過去を、この胸に刻み続けます。だからこそ、我が国は、いかなる紛争も、法の支配を尊重し、力の行使ではなく、平和的・外交的に解決すべきである。この原則を、これからも堅く守り、世界の国々にも働きかけてまいります。唯一の戦争被爆国として、核兵器の不拡散と究極の廃絶を目指し、国際社会でその責任を果たしてまいります」

このような理念は、安保関連法に反対してデモをした人々も、幅広く共有可能なものではないだろうか。「平和国家」としての理念、そして「専守防衛」に徹する安全保障政策、さらには先の大戦の反省と、かなりのていど国民の間で共有された認識なのである。

†「戦争法」という虚像

安保関連法に批判的な学者、そしていくつかの野党、さらには先のＳＥＡＬＤｓは、この法律を「戦争法」と呼び、あたかも安倍政権がこれまでの平和国家としての理念を放棄して、戦争ができる国にしようとしていると攻撃した。このような、不正確で歪曲されたイメージが広く浸透したこともあって、国民の間でこの法律への批判的な声が強まっていった。

これは実に奇妙なことだ。というのも、現政権もまたこれまでの政権同様に平和国家としての理念を堅持すると語っており、また日本国民の安全と地域の平和に貢献するような努力を続けているからだ。平和を維持して国民の安全を守るためにこそ、この法律が不可欠だと説いていた。もちろんその法律に不備や不足がなかったわけではない。だからこそ、本来であれば国会の審議でこの法律が内包する問題点を抽出して、野党は政権与党とは異なる安全保障政策のオルターナティブを示すべきであった。

本来であれば、平和を維持して実現するために必要な手段として、どのような安全保障政策と安全保障法制が必要かをめぐって論争が行われるはずであった。ところが、安保関連法を批判する多くの人々は、あたかも自分たちが平和を象徴し、そして政府が悪意を持って好戦的に戦争を求めていると、意図的に誤ったメッセージを送り続けた。それにより、本来必要な建設的な安全保障論議が行われずに、イデオロギー対立とイメージ操作が世論を支配するようになってしまった。

安全保障環境が大きく変化して、東アジアでは多くの領土をめぐる紛争が存在し、また世界中で多くの戦闘が行われている。さらには、国境を越えた国際的なテロリズムの活動も活発化している。それにもかかわらず必要な安全保障論議がなされないことは、大きな問題だ。安倍政権が安保関連法をたとえ廃止にしても、ウクライナ東部での紛争やシリアでの「イスラム国」の残虐な行為が終わるわけでもないし、また東シナ海と南シナ海の領土をめぐる緊張状態が解決されるわけでもない。

あたかも安倍政権がこれから戦争を準備しようとしているかのようなイメージを広めて、徴兵制が導入されるかのようなありえないシナリオを示唆することで有権者の支持を拡大しようとした民主党の戦術は、明らかに失敗であった。「戦争法」反対のキャンペーンを続けて自民党を攻撃しながらも、二〇一五年八月二二日と二三日に行ったテレビ朝日の政党支持率の世論調査で、自民党は前回比で支持を三・七％拡大し、それに対して民主党はむしろ支持率を四・一％減らした。

「戦争法」という言葉が虚像であることは、少しでも国際政治の現実を知っていれば、すぐに分かることである。まず、日本は国連加盟国である。国連憲章二条四項では、戦争放棄に関する規定が書かれている。そこでは、「すべての加盟国は、その国際関係において、武力による威嚇又は武力の行使を、いかなる国の領土保全又は政治的独立に対するものも、また、国際連合の目的と両立しない他のいかなる方法によるものも慎まなければならない」とされている。したがって、日本国憲法九八条の条約遵守義務に従って、国連憲章の精神を誠実に遵守するとすれば、日本が自ら戦争を開始することなどありえないはずだ。

なお、国連憲章で認められている例外的な武力の行使は、第五一条の個別的あるいは集団的な自衛権の行使と、第七章で規定される軍事的制裁措置（集団安全保障）である。そのような武力行使を行うということは、ある国家が他国を明確に侵略して、武力攻撃を受けた国が国際社会に支援を求めるような事態が起こっていることが前提となる。

†国際情勢の変化と憲法解釈

つまり、日本が武力を行使するとすれば、それは自衛権行使により自国民を守るためである場合か、あるいは攻撃を受けた国が支援を求めて、それを集団的自衛権あるいは集団安全保障という措置に基づいて援助をする場合か、その二つしかない。これまで内閣法制局の解釈では、憲法九条の下ではそのような集団的自衛権の行使も集団安全保障への参加も解釈上はできないとされてきた。今回の安保関連法に関しても、複数の内閣法制局元長官が違憲との評価を主張した。

しかしながら、そもそも一九四六年に日本国憲法を制定した時点では、日本は国連加盟国ではなく、さらにまだ日米安保条約も調印されていなかったので、集団的自衛権や集団安全保障の規定に基づいて日本が安全保障活動をすることは、全く想定外であった。また、憲法を起草して自衛隊を創設した当時は、平和維持活動（ＰＫＯ）などという任務は存在しなかった。任務が存在しない以上、憲法解釈上それが合憲か違憲かを判断する材料もなかった。

第Ⅳ部1で見たように、あくまでも安全保障環境の変化に応じて、内閣法制局は集団的自衛権や集団安全保障の行使ができないという憲法解釈を、一九六〇年代以降に導入するようになる。ベトナム戦争が熾烈化していき、さらには日韓国交正常化が行われた一九六五年から六六年にかけて、自民党と社会党の間で自衛隊を海外派兵しないという政治的妥協が生まれた。それは、自衛隊が一定の装備を持つようになり、ベトナム戦争や、将来起こりうる第二次朝鮮戦争に自衛隊が派兵されることはないと、野党に対して説明する必要があったからだ。それによって、自衛隊はあくまでも領域防衛と自国民を守るための組織となり、海外派兵一般が禁止されるという新しい憲法解釈が生まれた。

冷戦時代は、激しい米ソ対立が背景にあって、国連安保理決議に基づいて自衛隊が海外派遣により国際平和協力活動を行う可能性があまりなかった。また、大量の核ミサイルによる相互抑止が機能する世界では、世界戦争へとエスカレートする危険からも、自衛隊が海外で担うことができる安全保障活動はあまりなかった。ところが冷戦が終結すると、国連のPKO活動が活発化していく。それに加えて、かつて国連憲章も日本国憲法も想定しておらず内閣法制局も予期しなかったような新しい脅威が、次々と浮上した。どこまでが憲法上許容される自衛活動なのであろうか。それを断定することは、現在でも難しい。

憲法学者の大石眞京都大学教授は、「『戦争法案』というネーミングはデマゴギー（民衆扇動）で、国民の代表である国会議員が使うべき言葉ではない」と批判して、さらには次のように述べている。「野党代表が、世論調査を基に『国民の多くが憲法違反だと感じている』と訴えるのも違和感がある。国会議員が自ら判断を放棄しているようなものだから だ」（『読売新聞』二〇一五年八月二日）。大石は、「国際情勢は絶えず動いている」と述べ、「安全保障政策は、国際情勢を考慮して、解釈変更の余地を残し、憲法の規範と整合性を取っていくべきだろう」と述べている。

さらには、憲法学が専門の井上武史九州大学准教授は、テレビ朝日の報道番組「報道ステーション」からの質問に答えて、「憲法には、集団的自衛権の行使を明らかに違憲と断定する根拠は見いだせない」と明言する。それゆえ「集団的自衛権の行使禁止は政府が自らの憲法解釈によって設定したものであるから、その後に『事情の変更』が認められれば、かつての自らの解釈を変更して禁止を解除することは、法理論的に可能である」と語っている。これは実に、バランスのとれた公平な見解といえる。

†内閣法制局は無謬か

私は、これほどまでに憲法解釈が硬直的になったのは、内閣法制局の「無謬性」という姿勢が大きな原因であると考えている。憲法学者の浦田一郎明治大学教授はその著書の中で、「内閣法制局の憲法解釈の特徴として、形式性、論理性、無謬性、普遍性などが指摘される」という。[*1] しかしそれと同時に、「政治と法の接点における作業として、一定の政治性を帯びることも否定しがたいように思われる」とも述べている。[*2] それはすなわち、内閣法制局がたとえ政治的な理由からある特定の憲法解釈をつくりながらも、それが「無謬性」を帯びることになるのだ。

つまりは、戦後のある時期から内閣法制局は既存の憲法解釈を変えないということが組織の目的となった。そして、これまでに内閣法制局がつくりあげた憲法解釈は「無謬性」を帯びているので変えることは不可能だという、いわば自己完結的な論理が成立したように思える。問題は、それが多くの場合に妥当であるとしても、内閣法制局が国内的な論理に基づいて憲法解釈をつくっていて、国際情勢や時代の変化を十分に考慮に入れていないことである。

内閣法制局には、防衛省（かつては防衛庁）から出向する人は基本的にいない。また、二〇一三年八月に、小松一郎が長官になるまでは、防衛省出身者は当然のこと、外務省出身者も一人も長官には就いていない。西川伸一明治大学教授によれば、「幹部の有資格者は、これも慣例上、法務（検事併任者）、財務、経産、農水、および旧自治からの出向者」だという[*3]。

時々刻々と変転する安全保障環境を深く理解して、国連憲章や国際慣習法などの正確な理解に基づき、集団的自衛権や集団安全保障をめぐる国際政治学的および国際法的な研究にも精通している人が中心となって憲法解釈を組み立てたのであれば、問題はない。だが、実際には安全保障問題とは無縁の省庁から出向した官僚が、特定の国内政治状況のなかで論理的に構築した独特な憲法解釈が、「無謬性」を帯びてしまったのだ。

内閣法制局元長官にとって関心があることは、どのようにして国民の安全や、国際社会の平和と安定を守るべきか、ということではない。彼らはそのような安全保障や外交の専門知識を持っているわけではなく、長年の政府内での責任もそのような性質のものではなかったはずだ。

彼らにとって最も関心があることは、自らが精緻に構築して守ってきた合理的な憲法解釈を、まるで美しい芸術作品に手を触れさせないかのようにして、安全保障環境がどのように変わろうがそれを法律の素人にいじらせないことではないか。

確かに法的安定性はきわめて重要であるが、法的安定性のみが重要だというのは間違っている。現代社会の必要に対応して、たとえば人権規定を充実させるために憲法解釈を変更することも必要であろう。内閣法制局元長官が、安全保障環境の変化や、その前提条件が変化したことに目をつぶって、自らがかつて精緻に構築した法解釈を死守することは、そもそも「法的安定性」とは似て非なるものである。

冷戦期と冷戦後とでは安全保障環境が異なっており、また戦後七〇年で軍事技術も大きく進歩していく中で、本来であれば柔軟に憲法解釈を変更することも必要であったはずだ。たとえば、敗戦直後は個別的自衛権さえ政府は否定していたのに、安全保障環境の変化や、日米安保条約の締結、そしてアメリカにおけるＭＳＡ（相互安全保障法）制定などを背景に、一九五四年には政府は自衛権を有するという新しい憲法解釈を構築した。それは一九五九年の最高裁砂川事件判決により、確定的な憲法解釈となった。またかつては「文民」としていた自衛官の位置づけについても、憲法解釈を明確に変更した。

法的安定性を尊重しながら、時代状況に応じて柔軟に憲法解釈を変更することが、なぜ立憲主義の否定や破壊になってしまうのだろうか。それは理性的な憲法解釈というよりも、軍事力それ自体を悪とみなして、それを廃棄させようとする運動であり、特定の政治的イデオロギーではないのか。

そこで問題となるのは、なぜいま安保関連法が必要なのかということである。安保関連法反対派は、それによって日本が平和国家としての理念を放棄することになるという。他方で、政府与党や賛成派はむしろ、この法制によって、よりいっそう日本が平和を確立することになり、戦争が起こる可能性が低減するという。なぜこのような主張の違いが生じてしまうのか。安保関連法がなぜ必要なのかに適切に答えられないとすれば、従来の憲法解釈を限定的ながら変更するための合理的な理由を説明できないはずだ。

安保関連法の必要性を理解するためには、まずその前提として、戦略の逆説を理解しなければならない。

†戦略の逆説

アメリカを代表する著名な戦略理論家のエドワード・ルトワックは主著の『戦略論』（邦訳は毎日新聞社）の中で、次のように語る。「ここで私が展開する主張は、さまざまな逆説的命題や露骨な矛盾を抱えていても、戦略は必然的に妥当な考えを伴うということではない。戦略の全領域が逆説的論理に満ちている、というものである。それは、生活の他の全領域で適用される通常の『直線的』論理とはまったく異なるものだ」[*4]。それゆえにルトワックは、「汝、平和を欲するなら、戦いに備えよ」と論じ、「戦いに備えることで、弱さが招く攻撃を止め、平和を維持するのである」という。これが、戦略の逆説である。

戦争に備えることで、平和を確保するということは、なかなか理解が難しい。それは、相手が武力攻撃を行って、自らの主権を侵害する場合には、十分な軍事力でそれを拒否するという意思表示である。反対に、戦争に備えないことが、平和を破壊して戦争を招くこともある。それが、二〇世紀前半のベルギーであった。国際法上の中立的地位にすがり、

ウクライナ・ルガンスク、ウクライナ軍に発砲する親ロシア派
（©AFP＝時事）

十分な戦争の準備をしなかったベルギーは、二度の世界大戦でいずれも強大なドイツ軍の餌食となり、悲惨な戦争と占領を経験することになった。反対に、世界最大の軍事同盟であるNATOの加盟国となった後には、ベルギーは半世紀以上、一度も侵略されることなく平和を謳歌してきたのだ。

同様の悲劇は、ウクライナにも見られる。NATOに加盟していないウクライナと、NATO加盟国となったポーランドでは、大きく運命が分かれた。かつてはポーランドに対して圧倒的な軍事的優位を楽しんでいたロシアも、いまではアメリカの強大な核抑止力に守られているポーランドを攻撃することは困難である。仮に、もしもウクライナがNATOに加盟しており、ウクライナの主権的領土を侵害した際には同盟国であるアメリカがウクライナを防衛するために集団的自衛権を行使して、ロシア軍の侵略を排除することが明確であったならば、ロシアは二〇一四年に実際行ったようなかたちで、ウクライナ領のクリミア半島を併合したであろうか。

欧州連合（EU）にもNATOにも加わっていないウクライナが、ロシア系武装勢力の犠牲となって、いまも戦争を続けている。さらには正当な領土であったクリミア半島を失った。他方でポーランドは、EUとNATOに加盟することで、ロシアによる侵略の可能性を極小化することに成功し、平和と繁栄を謳歌するに至った。集団的自衛権を有して、共同防衛をすることで、侵略や戦争が起こることを防いでいるのだ。

†なぜ、日本は平和だったのか？

このようにして、個別的あるいは集団的に十分な自衛力を背後に備えることは、平和を確立するための必要な基礎ともいえるものである。軍事力は、必ずしもそれを使うことが最大の目的なのではない。むしろ、それを使わずにいることで、最大の価値を発揮するのだ。だとすれば、戦後日本が長年にわたって平和を楽しんできたのは、十分な力を有する自衛隊と、さらには世界最大の軍事大国であるアメリカとの同盟関係と、この二つが重要な柱となっていたことが分かるだろう。言い換えれば、この二つの柱が崩れれば、日本の平和もまた崩れていきかねない運命にあるだろう。

もちろん、平和国家としてあくまでも平和的な交渉を通じて平和を確保しなければならない。また、交渉相手との信頼関係を構築し、信頼醸成を進めることも不可欠である。しかしながら、平和的な紛争解決を御旗とする国連事務総長であったコフィ・アナンがかつて次のように論じていたのは、示唆的である。すなわち、「外交によってなし得ることは数多くあるが、しかしながら、もちろんではあるが、強い意志と軍事力を背後に持つ外交であればより多くのことをなすことができるであろう[*5]」。外交と軍事力を二者背反的に考えるべきでない。外交と軍事力は両方とも必要なのであり、それを組み合わせることで実効的に平和を確立できるのだ。日本が十分な自衛力を持ち、強靭な日米同盟を背後に備えることで、国際社会でより大きな交渉力を手に入れられるはずだ。

他方で、スービック海軍基地とクラーク空軍基地から米軍を撤退させた後のフィリピンに対して、領土問題をめぐり中国はよりいっそう強硬な姿勢を示すようになった。米軍が撤退したことでフィリピンは抑止力を失い、脆弱になったフィリピンに対して中国は譲歩する必要性を感じなくなり、南シナ海のフィリピン領の島嶼《とうしょ》を占領するようになった。十分な自衛力と強固な駐留米軍を持たないフィリピンに対して、中国は交渉でこの問題を解決する意思を失っている。

もしも日本がフィリピンと同じ道をたどり、自衛隊を廃棄して、日米同盟を解消する場合に、中国が日本に対して友好的で親切になる保証などはない。おそらくは、より強硬な態度を示すと同時に、わざわざ交渉で日本に譲歩する必要を感じなくなるだろう。多くの場合において、軍事力を失って生まれるのは平和ではなく、「力の真空」である。歴史を振り返れば、「力の真空」こそが、それを埋めようとする勢力の衝突によって、戦争を導いてきたのだ。

交渉により平和を実現したいのであれば、むしろ十分な自衛力を持つことが重要だ。ただし、不必要に軍事力を増強して、相手国に深刻な不安を抱かせることは、地域の安定には役立たない。相手との信頼を醸成する努力と、相手に攻撃の誘因を持たせない努力と、そのいずれもが必要なのだ。領土問題をめぐる対立を抱えている相手を信頼することは重要だが、相手を全面的に信頼して、自らの自衛力と同盟関係をすべて捨て去ることは必ずしも賢明な安全保障政策とはいえない。

†軍事力の変質

安保関連法の必要を考える上で重要なもう一つのことは、過去七〇年の間に安全保障の考え方が大きく変容してきたことである。それはどういうことであろうか。

日本人の多くにとっての戦争のイメージは、七〇年以上前の太平洋戦争時代の経験で時計の針が止まってしまっている。それは、一国の軍事力や経済力を総動員する、総力戦であった。また、徴兵制により国民を大規模に動員して戦場へと送り、地獄のような戦争を経験させた。さらには、東京などへの大規模な戦略爆撃と、広島と長崎への原爆投下によって、一般市民が犠牲になる悲惨を極めた戦争であった。

しかしながら、戦後七〇年の間に、戦争の形態、軍事技術の水準、また軍事力の意味づけが根本から変化していることも理解すべきだ。平和国家としての道のりを歩んだ日本は、戦後一度も直接戦争に参加することがなかったために、そのような変化を十分に感じ取ることができなかった。また、軍事力への強烈な嫌悪感が、軍事力や戦争の性質を客観的かつ冷静に理解し分析する姿勢を、失わせている。冷静な情勢分析は、平和と安全を確保する上での重要な前提だ。幻想の上には、健全な安全保障政策はつくれない。

戦争が違法化された現代の世界では、軍事力の最大の目的は戦争を防ぐことである。すなわち、かつてのような攻撃ではなく、防衛により大きな比重が置かれるようになった。相手が自国を武力攻撃した際に、攻撃によって得られる利益よりも、壊滅的な被害を受ける見通しが大きければ、相手国は攻撃を躊躇するはずだ。

私は、安保関連法がいま必要なのは、何よりも安全保障環境や軍事技術が大きく変わりつつあり、それに適応することが不可欠だからだと考えている。そのような変化を実に鮮やかに、早い段階で示したのが、国際政治学者のジョセフ・ナイである。ナイは、一九九六年に『フォーリン・アフェアーズ』誌に寄せた「情報革命と新安全保障秩序」と題する共著論文の中で、情報化社会により安全保障の考え方も大きく変わりつつあることを論じている。そこでは、情報力は、「地域紛争発生の阻止や解決努力においても、また、国際犯罪、テロリズム、大量破壊兵器の拡散、地球環境の悪化といったポスト冷戦型の脅威に対応していく際にも、重要な鍵となる」という。

さらにナイは、その著書『スマート・パワー』（日本経済新聞出版社、二〇一一年）において、現在の世界で進みつつある「パワー・シフト（権力の移行）」と「パワー・ディフュージョン（権力の拡散）」という二つの動きに注目している。中国のような新興国が急速に台頭していることで国際社会が不安定化し、さらにはアル・カイーダのような非国家主体の国際テロリズム組織や「イスラム国（ＩＳ）」のような武装集団が大きな影響力を及ぼすような状況は一九四六年に起草された日本国憲法も、一九八一年に成立した集団的自衛権を全面的に禁ずる政府解釈でも、想定していなかった。それによって、自衛に必要な手段も大きく変質している。

ナイの語る「ポスト冷戦型の脅威」とは、国際的犯罪や、テロリズム、地球環境汚染など、簡単に国境を越えていくものだ。脅威が国境を越えてグローバル化するとすれば、それに対抗するためにもグローバル化と国際的な連携が不可欠となる。それにもかかわらず日本は、国際社会と連携して他国と情報を共有することすらも、その国が武力攻撃を受けた際には集団的自衛権の行使とみなされ憲法解釈上不可能となる場合がある。国際協調により、そのようなグローバルな脅威に対応しようとした際には、日本はそこから離脱しなければならない。個別的自衛権しか許されないがゆえに、日本は国際社会から孤立して単独でそのような国境を越える脅威に対応しなければならない。

平和を維持するために緊密な国際的連携が必要な時代に、それを不可能とするような従来の憲法解釈を変更することが必要なのは、決して不思議なことではない。そうであればこそ、安保関連法が必要なのだ。

†グローバル化と国際協調主義

現代の世界では「ポスト冷戦型の脅威」が広がっている。それはきわめて不透明で、予想困難となっており、単独で対処することが難しいのが現実だ。そしてそのような脅威に有効に対処するためには、情報を共有し、お互いの強みを総合することで、全体として強固な協調体制を確立することが必要となっている。

ところが日本の自衛隊法は、そのような国際協力が必要であるということを前提としていない。そもそも、一九七六年に、はじめての「防衛大綱」で「基盤的防衛力構想」という方針が生み出された際には、小規模な侵略を阻止するために必要な最小規模の自衛力を構築することを目標としていた。

それは、国際社会の潮流とは離れた、孤立主義的な安全保障論であった。冷戦後の世界では、スレブレニツァやルワンダ、そしてコソボでの民族浄化や虐殺を見て、国際社会が連帯して人道問題に取り組んでいく必要が論じられるようになった。その過程で、「人間の安全保障」や「保護する責任」という概念が登場した。それらを通じて、非人道的な惨状に苦しむ人々に対して、軍事的手段と非軍事的手段を組み合わせて国際社会が支援を提供する必要が広く認識されるようになった。

日本政府もまた、一九九二年にPKO協力法を制定してから、自衛隊が国際平和協力活動を限定的ながらも行うようになった。また、経済協力を中核として、「人間の安全保障」に基づいた外交政策を展開するようになった。それらは国際社会から高い評価を得るに至り、世界各地で平和と安定へ向けた貢献をするに至っている。

そのような潮流の中、二〇〇六年一二月の自衛隊法改正で、自衛隊による国際平和協力活動がそれまでの付随的業務から「本来任務」へと格上げされた。すなわち、自衛隊の存立目的として、国際社会での平和と安定を求めるための活動が、それまでの日本の領域防衛に加えて新たな「本来任務」となった。それにより、それ以降自衛隊はより積極的に、国際貢献を拡大していく。さらには、二〇〇九年に海賊対処法が制定されて、ソマリア沖とアデン湾における海賊対処のための活動を行うようになった。

今回の安保関連法の最大の特徴は、このような国際平和協力活動をよりスムーズに行えるようにすることである。それは、冷戦後の四半世紀の安全保障環境の変化に符合するものである。

安保法制に批判的な人たちは、なぜ二〇〇六年の自衛隊法改正を批判しなかったのだろうか。この自衛隊法改正によって、国際平和協力活動が自衛隊の本来任務化されたのだから、それに基づいて自衛隊の海外での活動が増えるのは自然なことだ。そして、自衛隊が海外でより円滑に人道支援や災害復興支援などを行うために、一定の範囲内で安全確保任務や駆け付け警護を行うことも、必要なことだ。いまや、ニューヨークやロンドンやパリでも、大規模なテロ攻撃や、武器を用いた殺戮が行われる。だとすれば、海外での自衛隊の活動にいっさいのリスクがないということは、いえないだろう。

†戦争と平和の狭間で

このように、世界には多くの危険が広がっている。とりわけ、現在世界が抱えている安全保障問題に対応する難しさは、それがかつてのような国家間の対立に基づくもののみではなく、むしろ非国家主体が大規模な戦闘を行っていることにも起因する。ウクライナ東部のロシア系武装勢力も、あるいはシリアやイラクで残虐な行為を繰り返している「イスラム国」も、いずれも主権国家でもなければ、国連加盟国でもない。

さらには、従来の国際法が想定していたような戦時と平時の明確な区別が、いまでは困難となっている。たとえば大規模な自爆テロや、武装集団による殺戮が起こったらそこは「戦闘地域」であるとすれば、テロ攻撃を受けたニューヨークも、ワシントンも、ロンドンも、パリも、すべて「戦闘地域」になる。イラク戦争やアフガニスタン戦争が終わった後に、その両国では自爆テロが繰り返される不安定な状態が広がった。国家間で戦闘が行われているわけではないが、かといってそれを平和と呼ぶことも適切ではない。そのような、戦争と平和の狭間において国際社会で日本がどのような対応ができるかが、いまでは大きな課題となっている。

また、自衛隊は戦時の際と平時の際とで、活動可能な領域も大きく異なる。かつては、軍事的活動と非軍事的活動が明確に区別されるかたちで、自衛隊は自国防衛以外の場合はあくまでも、非軍事的活動に限定して他国を支援する必要があった。だが、自爆テロが世界中で行われるとすればどこが「戦闘地域」か、かつてのように明確に定義することができない。それが日本国外における「戦闘地域」であるとすれば、基本的に自衛隊はそこでの活動が一切できなくなる。「戦闘地域」に自衛隊員を派遣することはできず、また周辺で戦闘行為が行われたら直ちにそこから撤退しなければならなかった。

たとえば、自衛隊が他国と共同で人道支援活動をしていた際に、もしも他国の軍隊が武装勢力にテロ攻撃を受けた場合には、自衛隊はそのような他国の軍隊を見捨ててすぐにその場から撤退しなければならない。一方で、国際平和協力活動を本来任務に格上げして、それを重視しながらも、他方でそれを他国との共同行動として行う際に多くの制約がある。今回の安保関連法を通じて、そのような法の隙間や不足を埋めることで、自衛隊は海外でより円滑に期待された任務を行うことが可能になるであろう。

従来の自衛隊法やPKO協力法は、他国と緊密な協力活動をすることは想定しておらず、可能な限り自衛隊が単独で行動することが前提となっている。冷戦終結後に、「人間の安全保障」や「保護する責任」という理念に基づいて、国際社会としてそのような人道的悲劇を食い止める必要が論じられるようになっていた。それは国際協力を前提とした思考である。

だが日本は、世界の潮流から孤立して、自国の安全のみに関心を持たなければならない。それは、いかなる国も「自国のことのみに専念して他国を無視してはならない」と謳った日本国憲法前文の国際協調主義の精神に背いたものである。

†「平和国家」としての国際的責任

このようにして、冷戦後の四半世紀で安全保障環境は大きく変容した。

いまや国際的なテロリストのネットワークや、宗教過激派が、国境を越えて活動をし、インターネットを活用して連絡を取り合っている。また安全保障上の脅威も、いまやサイバー空間や宇宙空間に浸透するまでになった。地理的な限定性はもはや意味を持たない。ソ連軍が北海道に上陸することを阻止するために、北海道に自衛隊を大規模に配備・展開してその脅威に備えるような冷戦時代の安全保障政策では、もはや十分ではなくなった。

グローバル化する安全保障上の脅威に対しては、グローバルな国際協調により情報を共有し、相互援助をして、新たな攻撃を未然に防ぐことが重要だ。また、実際に危機が生じた際にも、国際的な連携が重要となる。ところが、従来の憲法解釈では、安全保障上の脅威は日本単独で対処せねばならず、日本が国際協調の輪に加わることに大きな制約が伴っていた。

日本が平和国家を理念とすべきことは、国民的コンセンサスである。これからの世界で日本は孤立主義的に――自国のことだけに専念して――個別的自衛権のみに依拠して安全保障政策を展開すべきか、あるいは国際協調主義的に国際社会の一員としての責任を果たしていくか。それこそがいま、問われるべき安全保障論議の本質である。

注

＊1　浦田一郎編『政府の憲法九条解釈――内閣法制局資料と解説』（信山社、二〇一三年）三－四頁。

＊2　同。

＊3　西川伸一『これでわかった！　内閣法制局――法の番人か？　権力の侍女か？』（五月書房、二〇一三年）三四頁。

＊4　エドワード・ルトワック『エドワード・ルトワックの戦略論――戦争と平和の倫理』武田康裕・塚本勝也訳（毎日新聞社、二〇一四年）一七頁。

＊5　細谷雄一『倫理的な戦争――トニー・ブレアの栄光と挫折』（慶應義塾大学出版会、二〇〇九年）五三頁。

3 安保関連法と新しい防衛政策

†平和安全法制とは何か

二〇一五年の夏は、安保法制（平和安全法制）をめぐる議論が国会とメディアを大いに賑わせた。二〇一四年五月一五日に安全保障の法的基盤の再構築に関する懇談会（安保法制懇）がその報告書を提出してから一年ほどの間、集団的自衛権の限定的容認を含めた安保法制の行方は、国民世論の関心を大きく惹きつけて、その賛成派と反対派の間の対立へと発展した。

そして、二〇一五年九月一九日に最終的に参議院を通過して採決された安保関連法は、当初の安保法制懇の報告書に記された提言と比べると、はるかに抑制的な内容となっていた。それにはいくつかの理由が考えられる。まず、自民党にとっての連立政権のパートナーである公明党の意向や、横畠裕介《よこばたゆうすけ》内閣法制局長官の努力、さらには内閣支持率の低下などを視野に入れて、安倍政権がこの問題をめぐって比較的柔軟な対応をするようになったことなどだ。

二〇一五年九月に参議院で可決された安保関連法は、「武力行使に至らない事態への対処」など、当初重要視されていたいくつかの要素が大きく抜け落ちる内容となっている。また、従来の内閣法制局が作成した政府見解を大幅に引き継ぐ内容となっており、法的安定性を重視したものとなった。とりわけ、集団的自衛権の行使容認をめぐっては、当初の想定よりもはるかに限定的な内容へと帰結した。

集団的自衛権の行使や、集団安全保障措置への参加については大幅に後退した内容の法律ではあるが、他方で国際平和協力活動や後方支援活動については大幅に拡充されることになり、今後より積極的な活動への参加が可能となる。すなわち、今回の平和安全法制の中核は、国際平和協力活動や後方支援活動というこの二つにあるというべきである。集団的自衛権の限定的行使が可能になったという側面だけに目を向けると、今回の法制の全体像、さらには方向性が見えなくなる懸念がある。

だとすれば、平和安全法制の本質を理解するためには、二〇一四年五月以降の議論の推移や、実際の安保関連法の条文を十分に理解した上で、バランスよく総合的にそれを認識するように努める必要がある。ここでは、きわめて複雑で、多岐にわたり、その全体像を理解するのが難しい安保関連法の特質と、それによる日本の防衛政策の変化について論じることにしたい。

†二つの法――安保関連法の内容①

今回の安保関連法が、その全体像を理解するのがきわめて難しくなっているのは、性質の異なる一〇本の法律を改正し、それに加えて新しい一つの法案を提案するという、一一本の法律を束ねて提出したことがそのもっとも大きな原因であろう。それぞれ一つずつが重要な内容となっているのに、一一本の法律を束ねて国会に提出したために、それぞれの詳細を理解して、さらにはその全体像を理解するのが難しいものとなってしまった。国民の批判の一部は、そのような手続き的な部分にも見られる。

これまであった安保法制を一部改正する一〇本の法律とは、自衛隊法、PKO協力法、周辺事態安全確保法（重要影響事態安全確保法に名称変更）、船舶検査活動法、事態対処法（武力攻撃事態法）、米軍行動関連措置法（米軍等行動関連措置法に名称変更）、特定公共施設利用法、海上輸送規制法、捕虜取扱い法、国家安全保障会議設置法、である。これらを一括して、「平和安全法制整備法」と称されており、これが今回の安保関連法の重要な部分を占めている。

他方で、新規制定法となるのは「国際平和支援法」であり、これは国際平和共同対処事態に際して、日本が実施する諸外国の軍隊などに対する協力支援活動等を規定する内容となっている。従来は、自衛隊がそのような活動をする場合には、特別法を新しく制定して他国の軍隊の協力支援活動を行ってきた。今回の立法は、それを恒久法化するものである。これらの法改正および新規法の制定によって、自衛隊の活動は大きく広がることになる。

†新しい二つの概念――安保関連法の内容②

安保関連法を理解する上で重要となる新しい二つの概念として、「存立危機事態」と「重要影響事態」が導入された。この二つが、憲法解釈の変更に大きく関係している。そして、この二つの概念がどのようなものであるのかをめぐり、国会でも繰り返し質疑が行われた。

これまでは、自衛隊の防衛出動が可能となり、わが国の武力行使が認められるのは、あくまでも日本が直接攻撃を受ける「武力攻撃事態」のときのみにおいてであった。いわゆる、個別的自衛権の行使である。したがって、それ以外の武力行使は、憲法解釈上許されないという内閣法制局による政府見解が、長らく支配的であった。

今回の安保法制において、自衛隊法を改正することで、自衛隊が国際協調的な活動を行うことができる領域を拡大しようとしている。たとえば、防衛出動に関する自衛隊法七六条に、新しく第二項すなわち「存立危機事態」に関する一文が追加されたことで、部分的に集団的自衛権の行使が可能となった。すなわち、日本が攻撃を受けたときだけでなく、「我が国と密接な関係にある他国に対する武力攻撃が発生し、これにより我が国の存立が脅かされ、国民の生命、自由及び幸福追求の権利が根底から覆される明白な危険がある事態」(新三要件)のときもまた、防衛出動が可能となった。

事態対処法に記されていた従来の「武力攻撃事態等」の概念のなかには、「武力攻撃事態」と「武力攻撃予測事態」の二つが含まれていた。今回の法改正で、そこに新たに「存立危機事態」が加わった。したがって、従来の事態対処法の名称が改正されて、「武力攻撃事態等及び存立危機事態における我が国の平和と独立並びに国及び国民の安全の確保に関する法律」となった。この「存立危機事態」において日本が防衛出動をして、武力行使が可能となるのが、従来の憲法解釈では認められていなかった新しい領域であり、集団的自衛権の限定的行使に関連する部分である。すなわち、「我が国」のみならず、「我が国と密接な関係にある他国」に対して武力攻撃が発生した場合であっても、日本がそれに対して自衛権を行使して武力行使を行う可能性が浮上した。

他方で、もう一つの「重要影響事態」はどのような内容であろうか。「重要影響事態」は、「存立危機事態」よりも緊急性と深刻性が低いものであるが、とはいえそのまま放置すれば日本に対する直接の武力攻撃に至る恐れがある事態である。それは、また、日本の平和および安全に重要な影響を与える事態である。これは、従来の「周辺事態」の概念を変更して地理的範囲を拡大するために用いられた概念であり、そのような事態での米軍等への後方支援を可能とすることを重要な目的としている。

これまでは、「武力行使との一体化」を禁止する内閣法制局の憲法解釈によって、戦闘行為にある他国の軍隊への後方支援もまた、わが国が武力行使を行っているとみなされる場合があることから、行うことができないとされてきた。ところが、今回の法改正によって、「重要影響事態」に及ぶ場合には、そのような後方支援も可能とされたのである。とはいえ、「存立危機事態」と「重要影響事態」という二つの新しい概念が、実質的にどのようなことを意味するのか、正確に理解することは困難である。

†国際平和協力活動の拡充——安保関連法で変わること①

それでは、安保関連法が施行されることで、日本の防衛政策はどのように変わっていくのだろうか。

もっとも重要な点としては、国際平和協力活動における自衛隊の活動領域を拡大することが可能になることである。具体的には、従来は憲法解釈上行うことが不可能であった「安全確保業務」と「駆けつけ警護」が可能となることである。従来は自衛隊自らが「安全確保業務」を行えなかったことから、イラクのサマワでの陸上自衛隊の活動においてはオランダ兵やオーストラリア兵に治安維持任務を担ってもらい、安全を確保していた。今後は同様の活動をする際に、自らの安全を自らで守ることが可能となる。

また、従来は国連平和維持活動（国連ＰＫＯ）への参加のみが自衛隊には認められていたが、これからは国連が統括しない、ＮＡＴＯやＥＵによる非国連統括型のＰＫＯへの参加も可能となる見通しである。

国際平和協力活動の拡充とならぶもう一つの重要な変化が、後方支援活動の拡充である。従来の日本政府による後方支援活動は、多くの制約があり、実効的な協力を行うのが容易ではなかった。というのも、「武力行使との一体化」が禁じられていたために、戦闘を行っている他国軍への支援ができなかったからだ。それに対して安保関連法では、「重要影響事態」と「国際平和共同対処事態」という二つの新しい概念を導入して、これまでよりも広い範囲での後方支援活動が可能となる。

とはいえ、あらゆる場合に自衛隊が他国軍を支援できるわけではない。この「国際平和共同対処事態」とは、以下の三つの要件を備える場合に適用される。第一は、国際社会の平和および安全を脅かす事態であり、第二はその脅威を除去するために国際社会が国連憲章の目的に従い共同して対処する活動を行っており、第三には、わが国が国際社会の一員としてこれに主体的かつ積極的に寄与する必要があるものである。この三つの要件を満たした場合に、このような活動を行う外国の軍隊などに協力支援活動を実施することが可能となる。

このような場合に日本が他国の軍隊に協力支援活動を行うにあたって、それは「現に戦闘行為が行われている現場」でなければ、可能となる。これまでは「武力行使との一体化」という概念によって、自衛隊が他国軍に協力支援することができる領域は顕著に狭められていた。これからも、戦闘が行われている場所での後方支援は、戦闘に巻き込まれる懸念が高いことからも、行うことはできない。安全保障環境の変化に応じた柔軟な対応が必要であると同時に、これまで以上に真剣に自衛隊の現場での安全確保を考慮に入れなければならない。

†地に足のついた具体的な議論へ

安保関連法は、国民を巻き込んだ論争が繰り広げられながらも、実際にそれによって自衛隊の活動がどのように変わっていくのかについての、地に足がついた具体的な議論がなされる機会は多くはなかった。多くの場合に、抽象的な懸念や印象操作に基づいた、現実とは乖離した批判がなされていた。まずは、実際の条文を読んでその内容を理解して、そしてそれに基づいた日本の防衛政策の変化について深く認識する必要がある。

その上で、自衛隊が外国において戦争を行うような事態は、きわめて起こりにくいということをまずは理解する必要がある。武力行使のための新三要件は、これまで通りにきわめて厳しいハードルとなっており、日本国民の安全や国家の存立が危機に陥ることがなければそのような帰結とはならないであろう。他方で、国家の存立に危機が及びかねない状況であれば、国民の安全を守るためにも自衛隊が防衛出動することは必要なことである。

今回の安保関連法での最大の変更点は、すでに述べてきたように、国際平和協力活動と後方支援活動の拡充である。これは、安倍政権の下で唱えられてきた「国際協調主義に基づく積極的平和主義」の精神にも符合するものである。また、それらの多くは、国連憲章五一条が規定しているような集団的自衛権の行使とは異なるカテゴリーの活動であり、法執行活動や国連PKO活動として通常は位置づけられるものである。すなわち、抑制すべき領域では抑制し、自衛隊の活動として拡充すべき領域を拡充したともいえる。これらの問題は、日本国民の安全にも深く結びつくものである以上、日本国民もまた主体的に、それらを深く理解するためのよりいっそうの努力が必要ではないか。

4　安保法制を理性的に議論するために

安保法制をめぐる議論のなかで最も不幸であったのが、理性的で論理的な論争をするのではなく、相手を罵り、嫌悪し、否定して、自らの立場が優越であることを疑わないような知的な横柄さと、暴力的な言説の露出であった。それは、賛成派、反対派の、いずれの側にも見ることができた。

われわれに必要なのは、本来は、理性的な政策論争であった。相手の主張のなかで価値ある部分を抽出して、同時に自らの主張の不足点や欠陥を認識することが、建設的な論争を行うためには不可欠の姿勢であろう。それらが欠けていたことで、双方の側に言いようのない不満や倦怠感が鬱積している。

そのような不寛容と無理解が、次第に暴力的な言説に結びついていった。ましてや、平和を愛して、暴力を嫌悪するべき、安保法制反対派の一部から、暴力的で非寛容な態度が見られたことは、嘆くべきことであった。

†魔女狩りの世界へ?

安保関連法案の廃案を求める大規模なデモが国会周辺で行われていた頃、法案を批判する人々の熱情はエスカレートして、感情的な叫び声が鳴り響いていた。一部の声は、もはや理性的な主張の域を超えてしまった。

テレビ朝日の報道番組「報道ステーション」が安保法制に関する憲法学者へのアンケート調査として、「一般に集団的自衛権の行使は日本国憲法に違反すると考えますか?」という質問を出した。これに対して井上武史九州大学准教授が、「憲法には、集団的自衛権の行使について明確な禁止規定は存在しない」と答え、「それゆえ、集団的自衛権を明らかに違憲と断定する根拠は見いだせない」と述べると、その後になんと怒りの感情をあらわにした誹謗中傷の書き込みがあいつぎ、中には殺害予告や、あるいは所属する大学を「退職させろ」という脅しのメールなども来たようだ。

これを報じたニュース番組のキャスターが、「たとえ意見が異なると言っても、こうした行為は、絶対に許されません」と述べ、「正々堂々と議論に参加し、法案について、しっかりと考えを深める時だと思います」とコメントをした。また、井上も、「日本は『表現の自由』がある国なので、残念なことだとは思っています」と述べている。

安保関連法に反対した多くの人たちは、戦争を嫌い、平和を愛して、人の命を何より大切にする人々のはずだ。ところが、自らとは異なる見解を圧殺し、その存在を否定して、殺害まで求める人がいるとは、常軌を逸脱している。建設的な議論の前提には、相手の主張に耳を傾け、深く吸収し、それを尊重する寛容の精神が不可欠だ。

フランスの啓蒙思想家ヴォルテールの言葉として広く知られた、「私はあなたの意見に反対だ、だがあなたがそれを主張する権利は命をかけて守る」という姿勢とは、まさに対極である。悪の存在しないユートピアを創出しようと、二〇世紀に入っても中国の文化大革命や、カンボジアのポル・ポト派の虐殺において、恐るべき殺戮による血の海が広がった。井上への、不寛容で、危険な批判は、まるで魔女狩りの時代へ戻ったようである。自由な学問の世界に、「異端審問」の文化を持ち込むべきではない。

†国際協調への不信と敵意

それでは、なぜこのようなことになってしまったのか。それは、安保関連法に批判的な学者や文化人の一部やメディアが、実際の条文をていねいに読むことさえせずに、イメージ操作やイデオロギー的偏向、さらには現政権批判という政局的な動機に基づいて、日本国民を安保法制への感情的な激烈な嫌悪感へと誘導したからだと思う。

政局的な思惑や、現政権批判として憲法問題を論じるとすれば、それはきわめて危険な「火遊び」である。かつて似たような「火遊び」があった。一九三〇年に浜口雄幸立憲民政党内閣がロンドン海軍軍縮条約で、緊張緩和と軍事費削減のための軍縮合意をすると、野党立憲政友会総裁の犬養毅と鳩山一郎は、この浜口内閣の決定が本来は天皇大権であるはずの統帥権を干犯する越権行為だと批判して、政局的な思惑から帝国議会で激しい攻撃をした。

元法制局長官の倉富勇三郎もこれに迎合して政府を批判し、また国粋右翼団体もこれに続いて激しい国民的な政府批判へと発展した。激しい怒りに突き動かされた青年がこの年の一一月、東京駅で浜口首相を銃撃した。当時は右派からの政府批判で、現在は左派からの政府批判であるから攻撃のベクトルは異なる。だが、政局的思惑からの政府批判が国民的な怒りへと発展して、冷静な議論が失われて暗殺事件に至ったことは示唆的である。

当時のロンドン海軍軍縮条約も、現在の安保関連法も、国際社会の潮流にあわせて、アメリカやイギリスなどの諸国との国際協調を進めることが必要だという認識が見られる。

浜口雄幸首相、東京駅で狙撃される（© 毎日新聞社／時事通信フォト）

他方で、それらを批判する勢力は、憲法が規定する正義を信じて疑わず、米英などの偽善に敵意をむき出しにする点で一定の共通点が見られる。それらはナショナリズムの感情から自国の安全と正義を主張するものであり、日本の憲法を絶対視して国際協調の必要を軽視する。

当時は、国際連盟規約に記される軍縮義務への批判であり、現在では国連憲章に記される集団安全保障や集団的自衛権への批判である。いつの時代においても、日本国民の多くにとっては国際社会の潮流を正確に理解するのは難しく、国内的正義を独善的に主張することが好まれるのだ。

†国際社会はどう見ているか

もしも、安保関連法が日本を軍国主義へと導き、再び戦前のように侵略や戦争を行う国になるというのであれば、国際社会が真っ先にそれを批判するであろう。それでは、国際社会はこのような日本政府の動きをどう見ているのか。

アメリカ政府がこれを歓迎していることは、よく知られている。国務省定例記者会見で国務省報道官は、「地域及び国際社会の安全保障に係る活動につき、積極的な役割を果たそうとする日本の継続した努力をもちろん歓迎する」と答えている。同盟関係にない欧州諸国も同様である。ドイツは二〇一五年六月七日の日独首脳会談で、安倍晋三総理の平和安全法制についての説明に対して、「日本が国際社会の平和に積極的に貢献していこうとする姿勢を一〇〇％支持する」と述べた。また、日・EU定期首脳協議でEU側から、積極的平和主義に基づく日本の取り組みに対し支持・賛同が表明された。

かつて日本が侵略をして大きな傷跡を残した東南アジア諸国でも、日本政府の取り組みに対する高い評価が見られる。フィリピンのアキノ大統領は、日本の国会の衆参両院合同会議での演説の中で、「本国会で行われている審議に最大限の関心と強い尊敬の念を持って注目しています」との賛辞を送った。また、ベトナムのズン首相はこれを「高く評価し」、マレーシアのナジブ首相は「日本の積極的平和主義の下での貢献への歓迎」を示し、さらにはラオスのトンシン首相が、「日本が地域と国際社会の平和の促進に多大な貢献をしていることを賞賛する」と述べている。

中国政府は、二〇一五年五月一四日の中国外交部定例記者会見で、外交部報道官がこの法制に関連した質問に対して、「歴史の教訓をきちんと汲み取り、平和発展の道を堅持し、我々が共に暮らしているこのアジア地域の平和と安定、そして共同発展のため、多くの積極的かつ有益なことを成し、多くの積極的かつ建設的な役割を果たしていくことを希望する」と述べている。韓国政府の場合は、地域の平和と安定を害さぬ方向で進めねばならないと、韓国政府の承認なしに日本が朝鮮半島で集団的自衛権を行使することがないならば、おおよそ反対はしないという姿勢を示した。いうまでもなく日本政府は、中国政府や韓国政府に対して、大使館を通じてていねいな説明を心がけており、おおよそ従来の日本の平和主義の理念を捨て去るものではないと理解しているのだろう。

このようにして、世界中の国のなかで、平和安全法制を厳しく批判する政府は一つも存在しない。もちろん、海外のメディアの中には、『ニューヨーク・タイムズ』などリベラルな立場からの論説においては批判的な論調も目立つが、批判的な視点を提示することはメディアの重要な仕事である。驚くことではない。海外の研究者でこの法律への厳しい批判を述べる者も少なからずいるが、日本国内で見られる法律の廃止を求める厳しい主張は、国際社会全体ではあまり見ることができなかった。二〇一三年一二月に安倍首相が靖国神社参拝をした際に多くの国が批判や懸念を示したこととは対照的に、今回の平和安全法制は国際社会から歓迎されていることを、まず知っておく必要がある。

†批判がなぜ広がったのか

それでは、海外では比較的好意的な反応が見られるのに、日本国内ではなぜ批判が広まったのか。私は、一九三〇年のロンドン海軍軍縮条約への「統帥権干犯」という批判と、現在の平和安全法制への「憲法違反」という批判の精神構造が、きわめて似たものであると感じている。このどちらも、日本の国内法上の論理を絶対的な正義と考えて、国際法や国際協調をそれほど重要なものとはみなしていない。それは、国内的正義の絶対性を主張するという意味で、ナショナリズムの運動でもあるといえる。

戦前の場合は天皇の軍事大権と日本の軍事的優越性を求めるナショナリズムの運動であ

り、戦後の場合は平和主義と憲法九条の道徳的優越性を主張するナショナリズムである。自らの正義を自明視するゆえ、比較的に国民感情に浸透しやすいのだろう。戦前の場合はロンドン海軍軍縮条約により日本の軍事行動に制約がかかることを嫌い、戦後の場合は集団安全保障や集団的自衛権という国際安全保障上の責任が生じることを嫌う。

しかしそれ以上に大きな問題は、平和安全法制廃止を求める際に、あまりに多くの事実からかけ離れた謬見《びゅうけん》が語られていたことだ。まるで「伝言ゲーム」のようにそれらが脚色され、肥大化する。そして戦争になるかもしれないという、さらには徴兵制が導入されるかもしれないという根拠の薄い恐怖心から、人々がデモへと向かっていく。

†日本は本当に「対米従属」か?

よく語られる批判として、日本が集団的自衛権を行使できるならば、日本外交はアメリカに追随していてアメリカ政府からの要請を断ることができないので、アメリカの戦争に巻き込まれることになるだろう、というものがある。本当に日本政府はアメリカにいつも追随して、その結果、必然的にアメリカの戦争に巻き込まれることになるのだろうか。

基本的な事実として、日本外交はいつもアメリカに追随しているのだろうか。それを正確に理解する上で、国連総会での投票行動におけるアメリカへの同調は、一つの指標となるであろう。

安倍政権が成立した後の国連総会での投票行動を見てみよう。二〇一三年の第六八回国連総会では、合計で八三回の投票の機会があった。アメリカ政府代表の投票と同じ票を投じた比率は、アメリカの同盟国では、オーストラリアは八〇・九％、イギリスは七七・五％、そしてアメリカからの自立した外交を展開するイメージが強いフランスは七七・九％であった。他方でドイツは、七〇・〇％とフランスよりも低い数字だ。これらの諸国は、かなりのていどアメリカと同様の国際行動をしているといえる。中立国のフィンランドとスウェーデンの場合は、それぞれ六九・六％と六九・一％である（これらの数字はアメリカ国務省のホームページを参照した）。

さて、「アメリカ追随」と言われる日本の場合は、どのていど高い比率でアメリカに同調しているのか。日本がアメリカと同じ投票をした割合は、実はアメリカの同盟国として最も低い六七・二％である。オーストラリアやイギリスはもちろん、フランスやドイツより、さらには韓国（六七・七％）よりも低い数値だ。国連総会での投票行動を見る限り、日本はアメリカの同盟国として最も自立した対外行動をとっているといえる（国会決議で米軍基地を廃棄したフィリピンを同盟国と位置づけるかどうかは意見が分かれるが、四二・五％とロシアより低い数値である）。

これを見る限り、日本政府がアメリカからの要請を断ることができないで、戦争に巻き込まれるというのは、必ずしも公平な主張とはいえないことが分かる。日本の外務省は、気候変動の問題や、核廃絶への取り組み、アラブ諸国との関係、イランとの外交など、これまで多くの領域でアメリカ政府とは大きく異なる政策を展開し、ときには激しい外交摩擦も見せてきた。実際の外交史料を用いた最新のいくつかの外交史研究に基づけば、戦後多くの場面で日本政府はアメリカと、緊張感溢れる交渉を繰り広げてきた。

平和憲法を持ち、武力行使に対する厳しい国内的な制約があり、また平和国家としての理念を擁する日本人は、たとえアメリカからの要望があったとしても、イラク戦争やアフガニスタン戦争のような戦争に自衛隊を派兵することなどはとうてい考えられない。

†アメリカはいつ集団的自衛権を行使したか

それでは、アメリカ政府はこれまでに、どのていど頻繁に集団的自衛権の行使をして、どのていど頻繁に同盟国などに戦争への参加を求めてきたのか。

国連憲章五一条では、集団的自衛権を行使した際には、「直ちに安全保障理事会に報告しなければならない」と規定されている。戦後、国連安保理に報告された集団的自衛権行使の事例は、全部で一三回、ないしは一四回である。戦後七〇年間で、アメリカ政府が行った集団的自衛権の行使は、そのうちでわずかに三回だけである（一九九〇年のイラク危機の際には、当初は集団的自衛権の行使としての措置をとっていたが、途中からは国連安保理決議に基づく集団安全保障措置に切り替わり、翌年一月からはじまった武力攻撃は集団安全保障の範疇となる）。

現在、NATO加盟国は全部で二八カ国であるが、このうちでアメリカからの要請、あるいはアメリカとの協力に基づいて実際に集団的自衛権を行使した国は、イギリス一国のみである。他の二六カ国は、一度としてアメリカの要請で集団的自衛権を行使して戦争を行ったことはない。

二〇〇一年の9・11テロの後のアフガニスタン戦争は、多少性質を異にする。というのも、これはアメリカの要請で行われた戦争ではなく、むしろアメリカは欧州諸国からの安全保障協力の提案を拒絶しようとしたからだ。

9・11テロの直後にブリュッセルのNATO本部では、カナダのデイヴィッド・ライト大使がアメリカのニコラス・バーンズ大使に向かって、「われわれには五条がある」と述べて、集団防衛としての北大西洋条約五条を適用することを提唱した。翌日の九月一二日に、緊急の北大西洋理事会が開かれ、第五条の適用を決定した。これを受けて、実際に欧州諸国がどのような協力を提供するかが検討された。

しかしながら、リチャード・アーミテージ国務副長官は、NATO本部を訪問した際に、「私はここに、何も求めに来たわけではない」と、欧州諸国の協力の要請を退け、またポール・ウォルフォウィッツ国防副長官は「われわれが必要なことは、すべてわれわれが行う」と述べた。

このときのアメリカのブッシュ政権は、二つの理由から欧州諸国が戦列に加わることを嫌った。第一に、コソボ戦争での経験の反省から、軍事的な効率性を最優先して欧州諸国からの政治的要求に対応することへの抵抗があった。ネオコンの政府関係者は、コソボ戦争を「委員会の戦争」と揶揄《やゆ》して、むしろ単独で行動することを欲したのだ。

第二には、アメリカと欧州諸国の軍事技術の格差があまりにも圧倒的であり、相互運用性（インターオペラビリティ）を持たないイギリス以外の欧州諸国が戦場に来ても、アメリカ軍にとっては邪魔だったのだ。純粋に、不必要であったのだ。

それらのフランスやドイツなど欧州諸国と比較しても、パワー・プロジェクション能力や、遠征能力、遠方展開能力、戦略空輸能力を持たない日本の自衛隊が、アフガニスタンやイラクのようなきわめて危険な地域で戦争をすることができるはずがない。イラク戦争での戦闘終了後のイラクのサマワ駐留の際でさえ、自衛隊は自分たちで治安維持活動ができないために、オーストラリアやオランダのPKO部隊に防護してもらっていた。戦争をするためにはそのための軍事能力が必要で、ヨーロッパのNATO加盟国のほとんどがそのような遠征能力や高度な戦闘能力を持たない。アメリカが同盟国に求めるのは、多くの場合、戦闘終了後の戦後復興支援や資金援助であり、それは集団的自衛権の行使の要請とは異なる。

自国の領土や国民を防衛するための軍事力と、はるか遠くに遠征して軍事力を展開させて、危険な侵攻作戦を展開するための軍事力は全く異なる。純粋に、日本には地球の裏側で戦争を行う意志などないし、またそのための能力もない。

†冷静な議論を行おう

もう魔女狩りや、根拠のない未来の予言はやめようではないか。世界の軍事的常識や、戦後の安全保障の歴史を深く理解した上で、冷静な実りある議論をしようではないか。ベルギーや、ルクセンブルクや、デンマークのような小国は、半世紀を超えてアメリカの同盟国であり、国内法制上当然のこととして集団的自衛権行使が可能であったのに、集団的自衛権の行使として一度もアメリカの戦争に加わっていないではないか。なぜ日本だけ、アメリカの要請で絶対に戦争をすることになるといえるのか。

確認しよう。日本は平和国家である。そして専守防衛は堅持されているし、これからも堅持される。二〇一三年一二月一七日に、安倍政権の下で閣議決定された「国家安全保障戦略」（今後一〇年程度の日本の安全保障政策を規定することになる）では、次のように書かれている。「我が国は、戦後一貫して平和国家としての道を歩んできた。専守防衛に徹し、他国に脅威を与えるような軍事大国とはならず、非核三原則を守るとの基本方針を堅持してきた」。そして、「各国との協力関係を深め、我が国の安全及びアジア太平洋地域の平和と安定を実現してきている」。

この文書が閣議決定されている以上は、これが政府の政策なのである。

ぜひとも戦争を憎み恐れる怒りの感情は、国会や首相官邸に向けてではなくて、多くのシリアの人々を難民として危険な海へ追いやる「イスラム国」の戦闘員や、ウクライナ東部での戦闘をやめようとしないロシア系武装勢力へと向けてほしい。そして、シリアやウクライナでこれ以上戦争による犠牲者が増えないために、知恵を提供してほしい。それこそが、世界に誇ることができる平和主義ではないだろうか。

5 安保関連法により何が変わるのか

†孤立主義から国際協調主義へ

政府は、二〇一五年九月に成立した安全保障関連法（「平和安全法制整備法」と「国際平和支援法」の二本の法律により構成される）を、二〇一六年三月二九日に施行した。他方で、民進党を中心とする野党は、安保関連法の廃止へ向けた共闘を固めようとしている。はたして、安保関連法によって日本はより安全になるのだろうか。あるいは野党が批判するように、それにより平和を失うことになるのだろうか。

安保関連法が成立してから半年ほどの間に、国民の多くはこの法律が日本を戦争へと導くのではなく、むしろ平和に資すると考え始めているのではないか。たとえば、二〇一六年二月二〇日と二一日に行われた共同通信の世論調査の結果では、安保関連法の廃止を求める声は三八％に対し、廃止を求めない声は四七％と、半年前と比べて支持と不支持が逆転している。

それでは、なぜ安保関連法への支持が増大したのか。言い換えれば、半年前に安保関連法が成立した際に、国民は何に不安を感じていたのか。当時、安保関連法を批判する一部の人々は、それが中国封じ込めを意図しており、また日本が戦争に巻き込まれることになると叫んだ。

ところがその後、二〇一五年一一月には三年半ぶりに日中韓三国首脳会談が開催されて、画期的な合意が成立した。また日本と韓国の間でも、二〇一五年一二月に長年の懸案であった慰安婦問題をめぐり、「最終的な合意」がなされた。もしも安倍政権が本当に平和主義を放棄して、戦争の準備をし、中国と敵対するつもりであれば、このような近隣諸国との関係改善は起こりえないはずだ。日本国内では異様なほどの情熱で批判がなされた安保関連法も、すでに述べたように、実はほぼすべての主要国の政府が歓迎していることを知る必要がある。

安保関連法の批判派の一部は、それを「戦争法」として本来の意図をねじ曲げて批判を行った。他方で当初の政府の説明もまた、誤解を招くものであった。この安保関連法が成立することで、これまで認められなかった安全保障活動が行えるようになることを強調したために、あたかも政府が武力行使をしたがっているかのような誤解を与えてしまい、それが国民に不安を与えたのだと思う。

そのどちらも、私の視点からすれば、適切だと思えない。というのも、この法律の多くの部分は、国際平和協力活動や、国際社会の平和と安定に貢献するような後方支援活動に関するものであって、それらはすでに、冷戦後の四半世紀で行ってきた自衛隊の活動でもあったからだ。

政府が国民に対して、安保関連法の本来の目的や意図、そして哲学を十分に伝えられなかったことが、不安の源泉の一つであろう。一一本の法案を一括して提出したうえ、それがあまりに複雑で、また技術的要素の多い法改正や新規立法であったために、その全体像が語りにくく、理解しにくかったことにも由来する。

これまでの安全保障をめぐる孤立主義的な哲学から、グローバル化の時代にふさわしいより国際協調主義的な哲学へと転換することが、今回の安保関連法の重要な意義であると私は考えている。それはどういうことか。

†安全保障のグローバル化

冷戦後の安全保障環境には、二つの側面で大きな変化が見られた。第一は、安全保障のグローバル化である。一九九〇年の湾岸危機の際に、国連安保理決議に基づいて、イラクのクウェート侵略が国際社会全体に対する脅威とみなされた。日本は何もしないで、傍観するだけでよいのか。大きな疑問と葛藤が生じた。その後、朝鮮半島核危機や、台湾海峡危機、9・11テロ、そして東シナ海や南シナ海での中国の海洋行動の活発化というような、冷戦時代とは質的に大きく異なる脅威が、日本人の安全を脅かすようになった。

日本政府はこれに対して、一九九九年の周辺事態法、二〇〇一年の施設警護、領域警備のための自衛隊法改正、同年のテロ対策特別措置法、二〇〇三年の事態対処法、同年のイラク復興支援特措法、さらには二〇〇九年の海賊対処法と、法改正や新規立法により自衛隊の活動領域を拡大してきた。

もっとも重要な変化は、二〇〇六年に自衛隊法を改正して、国際平和協力活動を従来の「付随的任務」から「本来任務」に格上げしたことである。すなわち、冷戦時代には国境の内側で、ソ連の侵略のみに備えていればよかった自衛隊が、冷戦後の安全保障環境の変化によって、災害復興支援、人道支援、平和構築支援、後方支援など、多岐にわたる活動が期待されるようになったのだ。自衛隊を海外に派遣するのは、あくまでも人道的目的や平和の目的のためであって、戦争をするためではない。当然であろう。

これは、日本の国境の外側で発生した事態が、容易に日本国民の安全を脅かすことになることを前提にしている。新型ウィルスや感染症の拡大、弾道ミサイルの飛来、大量破壊兵器の拡散、異常気象などによる大規模災害、サイバー攻撃など、冷戦時代には安全保障政策の領域とみなされなかった新しい多くの問題群が、国境を越えて拡散する。

ところが、従来の安保法制は、自衛隊に任務の拡大を課しながらも、自衛隊が円滑に活動できるような運用上の十分な法改正や新規立法を行っていなかった。いわば、自衛隊員が危険な事態に遭遇しないという「幸運」に依拠して、政府は自衛隊の活動を拡大してきたのだ。

†「平時」と「戦時」の融解

冷戦後の世界における第二の重要な変化は、「平時」と「戦時」の境界線がきわめて不明瞭となっていることだ。安全保障のグローバル化と、こうしたグレーゾーン領域の拡大が、複雑に絡み合いながら進行している。それは冷戦時代とは大きく異なる。

たとえば、パリやロンドンやマドリッド、そしてイスタンブールがテロ攻撃を受けたとしても、それを「戦場」ということはできない。かといって、警察的な機能だけでは、それらの大規模なテロや武装勢力に対処できない。それは、東ウクライナでの戦闘や、シリアなどで武装勢力への対処として正規軍が出動していることにも示されている。

このような自衛隊の活動領域の拡大と、国際社会での安全保障協力の拡大、そして軍事情報の共有にあわせて、それにふさわしい法改正と新規立法を行ったことが、今回の安保関連法の本質的な意義と考えている。

日本が、よりいっそう国際社会の平和と安全に貢献できるからこそ、アメリカも、オーストラリアも、ASEAN諸国も、インドも、EU諸国も、この安保関連法の成立を歓迎しているのだ。また、中国や韓国も厳しい批判を行っているわけではない。

二〇一六年三月二九日に安保関連法が施行されても、日本の平和主義の伝統が失われることはないであろうし、自衛隊の海外派遣が飛躍的に増大することもないだろう。むしろ、喫緊の問題は、国際平和協力活動としての南スーダンでの自衛隊の活動で、中国のPKO

部隊と情報を共有し、協力することだ。いわば、中国封じ込めでなく、日中間でのグローバルな安全保障協力が進められようとしている。

そのためには、ROE（武器使用規定）の明確化が必要となる。現在政府内では、その作業が進められている。

とはいえ、現代世界では武力行使で解決できる問題領域が著しく縮小している。あくまでも平和的な手段で、ルールに基づいた国際秩序を強化することが、日本の安全保障政策の根幹的な目標であるべきだ。それは、安保関連法の施行後も、変わることはないだろう。

†日本は「専守防衛を転換」したのか

ところで、安保関連法が施行されることになった二〇一六年三月二九日の新聞各紙朝刊では、これについて一面で大きくとりあげており、その意義と意味について論じていた。しかしながら、法案が国会を通過した二〇一五年九月にそうであったように、全国紙においては朝日新聞と毎日新聞は批判的あるいは懐疑的な論調であり、他方で読売新聞、日本経済新聞、産経新聞は肯定的な論調である。

どのような新聞を読むかによって、同じ法律の施行について対極的な印象を持つことは必ずしも悪いことではない。賛成派と反対派に分かれるということは、政治の多くの争点でそうであるように、自然なことであろう。だが、重要なのは、「安保関連法」がいったいなにものであるのか、実体を適切に理解することである。

朝日新聞の一面では、「専守防衛を転換」と大きな見出しが記されている。紙面では、「戦後日本が維持してきた『専守防衛』の政策を大きく転換した」と論じている。これは、はたして正しい論評であるのか。大きな疑問が残る。

†集団的自衛権を「保有」することは容認されてきた

武力紛争が生じたときに、一般的に、「攻撃」と「防衛」に分かれていることはいうまでもない。ここまで何度か述べたように、国連憲章において、武力行使については厳しい規定がある。まず、第二条四項では、「すべての加盟国は、その国際関係において、武力による威嚇又は武力の行使を、いかなる国の領土保全又は政治的独立に対するものも、また、国際連合の目的と両立しない他のいかなる方法によるものも慎まなければならない」と記されている。すなわち、許される「武力の行使」とは、「国際連合の目的と両立」するものだけなのだ。

それでは、「国際連合の目的と両立」する「武力の行使」とは何か。すでに触れたように、それには二つある。第一は、国連憲章五一条に記されている自衛権に関するものであり、そして第二は憲章四二条の「平和に対する脅威、平和の破壊及び侵略に関する行動」に対抗するための「軍事的措置」の規定、すなわち集団安全保障に関するものである。

安保関連法に関する政府答弁では、一般的に政府は、後者の集団安全保障については機雷除去などの一部の例外を除いて日本国憲法上参加ができないとしている。他方、安保関連法では、自衛隊法などを改正して、集団的自衛権に関する武力の行使を一部限定的に容認している。

この集団的自衛権についての政府の見解は、国連憲章五一条で認められた国際法上の権利の行使についての規定に基づいていることを留意すべきである。国連憲章五一条では、「個別的又は集団的自衛の固有の権利」を行使することが容認されている。

ここで誤解してはならないのは、この国連憲章の条文に基づいて、これまで内閣法制局もまた、日本は集団的自衛権を保有するという政府見解を示してきたことだ。したがって、日本では「戦後一貫して集団的自衛権が認められていない」と論じることは、誤りである。日本国政府は、内閣法制局の見解に基づいて、戦後一貫して集団的自衛権を保有することを容認してきたのだ。ところが、一九八一年以降は、政府見解として内閣法制局は、集団的自衛権を「保有」はしているが、「行使」はできない、というきわめて分かりにくく、矛盾をはらんだ論理を示すようになった。

まず何よりも、戦後日本国政府は一度たりとも、集団的自衛権の保有が認められない、とは論じていないという事実を理解する必要がある。でなければ、そもそも日米安保条約自体が、違憲となってしまうのだ。

旧日米安保条約ではその前文で、「国際連合憲章は、すべての国が個別的及び集団的自衛の固有の権利を有することを承認している」と記して、さらに「これらの権利の行使として、日本国は、その防衛のための暫定措置として、日本国に対する武力攻撃を阻止するため日本国内及びその附近にアメリカ合衆国がその軍隊を維持することを希望する」と書かれている。もしも、集団的自衛権という「権利の行使」が憲法上認められないというならば、そもそも日米安保条約を違憲として、廃棄することを主張しなければならなかったはずだ。

重要なのは、国連憲章五一条の自衛権(個別的および集団的)にしても、日米安保条約にしても、その目的が「自衛(self-defense)」のためであることだ。武力の行使には、「攻撃」と「防衛」があり、国連憲章で認められている権利は、集団安全保障措置を除けば、あくまでも「自衛」のみである。政府が、集団安全保障一般には参加できないと述べている以上、ここで焦点にすべきはあくまでも「自衛」の措置である。

†日本はこれからも引き続き「専守防衛」に徹する

さて、ここで疑問なのは朝日新聞の一面で書かれている「集団的自衛権容認、専守防衛を転換」という表現である。繰り返しになるが、集団的自衛権の行使とは、国連憲章に明記されている通りに「自衛的措置」であり、攻撃ではない。相手からの攻撃がない状態で、一方的に武力の行使が認められるはずがない。国際法上も一般的に、自衛的措置である場合にそれが個別的であるか集団的であるか、権利上の大きな違いはない。少なくとも、「集団的自衛（collective self-defense）」とは、その言葉のとおり、自衛（self-defense）であるのは当然である。

たとえば、同時多発テロの後に、NATO加盟国はアメリカ防衛のために集団的自衛権を発動して、アメリカ上空の警備行動をとったのだが、それはあくまでも「自衛」の措置であり、「武力攻撃」ではない。「集団的自衛」がすべて「攻撃」であるかのように考えて、それを「自衛」ではないと断定することは、国際的な常識を無視するものである。

したがって、日本が「専守防衛」の理念を転換したわけではないことを理解する必要がある。朝日新聞が、「自衛隊の海外での武力行使や、米軍など他国軍への後方支援を世界中で可能とし、戦後日本が維持してきた『専守防衛』の政策を大きく転換した」というのは、明らかに政府の意図を歪めて論じたものといわざるをえない。というのも、集団的自衛権も「自衛」である以上は、「専守防衛」の方針が大きく転換したわけではないからだ。

そもそも、集団的自衛権については、一九八六年の国際司法裁判所（ＩＣＪ）のニカラグア事件についての判決で、その行使のための要件が厳しく規定された。まず、国際慣習法上の要件として、ある国に対する「侵略」がなければならず、また武力攻撃の犠牲国が援助を要請していることが重要な要件となる。「要請」がないのに一方的に「支援」という名目で、第三国が武力攻撃を行うことは認められていない。

すなわち、集団的自衛権を行使する際に、第一には「武力攻撃」が存在していること、第二には犠牲国が「攻撃を受けた旨の宣言」をしていること、第三には「援助の要請」が存在すること、第四にはそもそも援助をする「必要性」が存在すること、そして第五には攻撃国の武力攻撃に対して「均衡性」のとれた対抗措置に限定されていること、これらが国際法上の要件であるとみなされている。

国際法上はこれらすべての要件を満たしてはじめて、日本国政府は集団的措置としての自衛、すなわち集団的自衛措置をとることが可能となるのだ。このような措置を「専守防衛」ではなく、世界中で武力の行使が可能となるかのように説明をして、「専守防衛を転換」と論じることは、適切な表現とはいえない。日本はこれからも引き続き、「専守防衛」に徹するであろうし、他方で犠牲国からの支援の要請がありながらもそれを拒絶し続けることが、国際社会での名誉ある行動とはいえないのではないか。国際法上の要件として重要なのは、アメリカ政府からの要請があるか否かではなく、犠牲国からの要請があるか否かである。

言い換えれば、そのような要請がない限りは、日本が一方的に武力行使をすることは認められていないという事実を、まずは理解する必要がある。そして、集団的自衛権の行使をしないということは、攻撃を受けた犠牲国からの援助の要請を、無視して拒絶することを意味するのだ。犠牲国からの援助の要請を無視して、日本が平和国家としてより高い道徳に立っているように自慢することは、偽善であり欺瞞《ぎまん》である。

†日本はどこに行くのか

「平和国家」としての理念を堅持しながら、また戦後日本が進めてきた安全保障政策の基礎を継承しながら、同時にグローバル化が進む世界のなかで日本が他国と協力してより実質的に国際社会の平和を確保し、またより実効的に日本の安全を確保することはきわめて重要なことである。

多くの人々が安保関連法を批判したのは、政府の説明が不十分であった以上に、そもそもこの安保関連法が、安保法制懇の報告書、内閣法制局の憲法解釈の法理論、自民党と公明党の間の与党協議、そして防衛省・自衛隊からの具体的な要望と、さまざまな要素を融合させて、妥協的に合意したことに大きな理由があるのではないか。

同時に、一一本の法律を束ねて起草して成立させたことで、その全体を包括するような、安保法制の哲学が見えてこなかった。私は、グローバル化の進む新しい安全保障環境のなかで、より効果的に日本の安全を確保するための国際協調主義の実践こそが、その哲学の中核に位置するべきだと考えている。さらには、それはまたすでに述べたように憲法前文の精神でもあった。それこそが、憲法の理念に立脚した立憲主義の精神ではないのか。

日本国民の安全に直結する安保法制と、将来の安全保障政策は、可能であれば幅広い国民的コンセンサスの上に立って、成立させるべきものである。安倍政権は、法律を成立させることには成功したが、怒号を放つ反対派を十分に説得できず、安保法制に関する国民的コンセンサスを成立させることには挫折した。

その作業は、今後の政治の課題とするべきである。日本は、戦後七〇年を超えて自らが歩んできた平和国家としての軌跡を誇りとしながらも、けっして独善的なエゴイズムに陥ることなく、国際協調を基礎とした安全保障政策を育んでいかなければならない。その意味では、今回の安保関連法の成立と施行は、立憲主義の終わりでもなければ、平和主義の終わりでもない。そうではなく、幅広い国民的コンセンサスを生み出すための、困難ではあるが不可欠な第一歩であったと考えるべきであろう。

*文献案内

本書の中では、安保関連法がきわめて複雑な法体系となっており、理解することが難しいということをしばしば指摘した。他方で、本書においては必ずしも、その安保関連法の内容を詳細に説明しているわけではない。その代わりに、以下に紹介するような文献を読むことで、安保法制の概要や、日本の安全保障政策の歴史などについて、より深く理解することができるだろう。

1　安保関連法の解説

安保関連法については、内閣官房のホームページを見ると、「平和安全法制等の整備について」と題するページで主要な資料がすべてダウンロードできるようになっている(http://www.cas.go.jp/jp/gaiyou/jimu/housei_seibi.html　二〇一六年六月五日アクセス)。とりわけこの冒頭にある「『平和安全法制』の概要」という資料は、ていねいかつ正確に、平和安全法制が図表などを用いて説明されている。これを見れば、その概要は理解できるだろう。しかしながら専門用語や、理解の難しい概念が数多く用いられていることから、安全保障問題に精通していない読者の場合は、これのみで十分に理解することは困難かもしれない。

その際に、読売新聞政治部編著『安全保障関連法――変わる安保体制』(信山社、二〇一五年)は、おそらくもっともていねいに安保関連法成立の経緯や、その内容の解説が書かれている。これを一冊読めば、とりあえずその全体像と概要は理解できるはずだ。また、西原正監修・朝雲新聞社出版業務部編『わかる平和安全法制――日本と世界の平和のために果たす自衛隊の役割』(朝雲新聞社、二〇一五年)も、写真や図表を多用してわかりやすく平和安全法制についての説明がなされている。この二冊は、いずれも、基本的に安保関連法を支持する立場からの解説であって、その意義や必要性が強調して論じられている。それに対して、長谷部恭男編『検証・安保法案――どこが憲法違反か』(有斐閣、二〇一五年)は、もっぱら批判的な立場から、基本的には憲法学者などの法律家が中心となってその違憲性を強調して書かれたものである。巻末の資料は豊富な内容で有用である。

安保関連法成立の経緯については、朝日新聞政治部取材班『安倍政権の裏の顔――「攻

防 集団的自衛権」ドキュメント』(講談社、二〇一五年)がもっとも詳細であり、また信頼できる内容といえる。そこでは、内閣法制局の動向と与党内協議について、とりわけ詳しくその経緯が克明に記録されている。高名な政治学者によって書かれた、牧原出『「安倍一強」の謎』(朝日新書、二〇一六年)は、内閣法制局のこの問題をめぐる姿勢の変化について、その政治過程が見事に描かれている。また、自民党政務調査会調査役の田村重信『安倍政権と安保法制』(内外出版、二〇一四年)は、自民党の内側から安保法制の取り組みと、その必要性が論じられている。

2　日本の安全保障政策

戦後日本の防衛政策を概観する際には、いくつかの優れた通史的な入門書がある。田中明彦『安全保障――戦後50年の模索』(読売新聞社、一九九七年)、佐道明広『戦後政治と自衛隊』(吉川弘文館、二〇〇六年)、田村重信編著『日本の防衛政策』(内外出版、二〇一二年)の三冊は、いずれも第二次安倍政権成立以前までを扱っているが、信頼できるこの分野の第一人者の専門家による通史である。佐道明広『自衛隊史――防衛政策の七〇年』(ちくま新書、二〇一五年)は、一般読者向けに平易な文章で書かれた入門書である。添谷芳秀『安全保障を問いなおす――「九条‐安保体制」を越えて』（NHKブックス、二〇一六年）は、平和安全法制にも触れる、最も新しい通史である。

現在の日本の安全保障政策を概観するには、現在国家安全保障局長の谷内正太郎編『論集 日本の外交と総合的安全保障』（ウェッジ、二〇一一年）および、谷内正太郎編『論集 日本の安全保障と防衛政策』（ウェッジ、二〇一三年）がある。また、陸将であり、統合幕僚長も務めた折木良一『国を守る責任――自衛隊元最高幹部は語る』（PHP新書、二〇一五年）は、現場の視点から近年の防衛問題を幅広く論じた良書である。

他方で、「国家の安全」ではなく「人間の安全」に主眼を置いて日本の安全保障政策を問い直した「シリーズ 日本の安全保障」（編集代表遠藤誠治・遠藤乾）の第一巻、遠藤誠治・遠藤乾編『安全保障とは何か』（岩波書店、二〇一四年）と、第二巻の遠藤誠治編『日米安保と自衛隊』（岩波書店、二〇一五年）は、すでにあげてある研究とは異なる新しい視座を提供している。

3 集団的自衛権

安保法制をめぐり論争が展開した際に、もっとも大きな焦点となったのは集団的自衛権をめぐる問題であった。この問題にもっとも長く取り組んできて、その全体図を分かりやすく論理的に描き出した著者として、佐瀬昌盛『いちばんよくわかる！ 集団的自衛権』（海竜社、二〇一四年）がある。防衛大学校教授を長年務めた国際政治学者の佐瀬は、この問題の第一人者であり、また安保法制懇のメンバーでもあり、集団的自衛権行使容認の立場から書かれている。

同様に、集団的自衛権行使容認の立場から書かれたものとして、防衛大臣や自民党幹事長などを務めた石破茂『日本人のための「集団的自衛権」入門』（新潮新書、二〇一四年）がある。国会議員としておそらくもっともこの問題に精通しており、戦後の集団的自衛権をめぐる政府解釈の変遷など、説得的に読みやすいかたちで書かれている。また、佐瀬と同様に安保法制懇のメンバーである西修駒澤大学名誉教授による『いちばんよくわかる！ 憲法第9条』（海竜社、二〇一五年）では、憲法学の観点から、集団的自衛権の問題が書かれている。元海上自衛隊自衛艦隊司令官で海将の香田洋二『賛成・反対を言う前の集団的自衛権入門』（幻冬舎新書、二〇一四年）は、バランスのとれた広い視野から、現場の視点も取り入れてこの問題を論理的に説明している。また軍事アナリストによる平易な一般向け入門書として、小川和久『日本人が知らない集団的自衛権』（文春新書、二〇一四年）が読みやすい。

他方で、集団的自衛権の行使容認に批判的な立場からの著作として、二人の歴史家による共著の豊下楢彦・古関彰一『集団的自衛権と安全保障』(岩波新書、二〇一四年)や、元内閣官房副長官補の防衛官僚である柳澤協二『亡国の集団的自衛権』(集英社新書、二〇一五年)、さらに国際政治学者である植木千可子『平和のための戦争論――集団的自衛権は何をもたらすのか?』(ちくま新書、二〇一五年)が優れた研究である。どのような点に問題があるのかが、適切に論じられている。さらに、奥平康弘・山口二郎編『集団的自衛権の何が問題か――解釈改憲批判』(岩波書店、二〇一四年)を読むことで、批判的な論者の問題意識を幅広く理解することができる。

4 憲法と国際法

安保法制をめぐる論争では、その合憲性ばかりが焦点となってしまうことが多かった。それゆえに、この問題をめぐってメディアでもっとも頻繁に発言していたのが憲法学者であった。政府が、集団的自衛権をめぐりどのような憲法解釈を示してきたか、その変遷については、浦田一郎編『政府の憲法九条解釈――内閣法制局資料と解説』(信山社、二〇一三年）および阪田雅裕編著『政府の憲法解釈』（有斐閣、二〇一三年）は必読文献といえる。過去の憲法解釈についての政府見解の資料が包括的に所収され、同時にそれについての法律学的な観点からの解説が加えられている。また批判的な立場から安保法制について論じた憲法学者による研究として、山内敏弘『「安全保障」法制と改憲を問う』（法律文化社、二〇一五年）および、一般向けの平易な著作として木村草太・國分功一郎『集団的自衛権はなぜ違憲なのか』（晶文社、二〇一五年）がある。

国際法学者は、憲法学者とは異なる視点から、この問題についての検討を行っている。自衛権概念が国連憲章においてどのように確立していくかについては、森肇志『自衛権の基層――国連憲章に至る歴史的展開』（東京大学出版会、二〇〇九年）がある。また、安保法制懇のメンバーでもある国際法学者の村瀬信也編『自衛権の現代的展開』（東信堂、二〇〇七年）、および村瀬信也『国際法論集』（信山社、二〇一二年）が、もっとも精緻で信頼できる研究といえる。

これらとは異なる視点から、法哲学研究者がこの問題を柔軟に検討した著作として、井上達夫『リベラルのことは嫌いでも、リベラリズムは嫌いにならないでください』（毎日新聞出版、二〇一五年）および井上達夫『憲法の涙』（毎日新聞出版、二〇一六年）がある。

あとがき

二〇一四年七月一日の安保法制関連の閣議決定、そして二〇一五年九月一九日の安保関連法の成立と、現在に至る二年間ほどの間は安保法制をめぐって日本国内で大変な論争が展開した。ようやく今に至って、少しずつ落ち着きを見せ、冷静な思考が可能になってきたように感じる。

安保法制の賛成派、反対派の両派に分かれ、それぞれが自らの主張を展開して、衝突を繰り返した。しかしながらそれは「安保論争」ではあっても「政策論争」にはならなかった。イデオロギー対立や、感情的な嫌悪、そしてそれが一部、与野党間および野党内の政局にも結びついて、きわめて好ましくないかたちでの激しい議論の応酬が見られたのである。これはとても残念なことであった。本来であれば、これからの日本がどのように自らの安全を確保して、そしてアジア太平洋地域の平和と安定のために日本がどのように貢献していくのかについて、真摯で建設的な政策論争が見られるべきであった。

ちょうどそのようなことを考えながら、刊行まもない五百旗頭真・中西寛編『高坂正堯と戦後日本』（中央公論新社）に所収されている、編者の中西寛京都大学教授による、「権力政治のアンチノミー」と題する優れた論文を読んで、重要なことに気がついた。よく知られているように、中西教授は京都大学で故高坂正堯教授の指導を受けて、誰よりも間近で高坂の論壇での主張と、その感情的な揺れ動きを見つめてきた。中西教授はこの論文の中で、晩年の高坂が「日本の精神的腐敗」の問題について書き遺している文章に注目している。高坂は、作家の三島由紀夫が日本人の道徳的堕落に失望するようすに、ある程度の共感と、そして反発を示している。そしてその文章のなかで、感情に流されて行動する若者の無責任を三島が批判する言葉に共鳴して、次のように論じていた。

「その結果に責任を負わない形での自由の追求が、その本人の精神を腐敗させることが最大の問題なのである。その意味で彼は、人間のために、また若者のためにその『甘ったれ』をののしっているのである。そこに彼の魅力がある。少なくとも、私にとってはそうである」

一九六〇年代の論壇で華々しく活躍した高坂は、その後の日本でより自立的で、責任があるかたちでの安全保障政策に関する論争がなされていくことに期待をした。ところが高坂の期待を裏切って、その後の日本は責任を伴った政策論争を成熟させることなく、「精神を腐敗させる」ことを続けて、「甘ったれ」の空気を楽しみ続けてきた。それに対して高坂は、しばしば苛立ちを示していた。

中西教授は記す。「冷戦と湾岸戦争以降、高坂がとりわけ重視し、また懸念を示したのは日本政治の停滞であり、『言葉の欠如』であり、『精神の腐敗』であった。高坂が長年念願をしてきた対外政策をめぐる幅広いコンセンサスが日本において形成されることはなく、憲法や安全保障をめぐる分裂は継続し、湾岸戦争や冷戦後の国際秩序への関与をめぐって政治的論議は混乱した」。

私は、今回の安保論争における運動のなかに、かつて高坂が懸念したような「精神の腐敗」と「甘ったれ」を見た気がする。自らの国民の生命を自らの力で守ろうとせず、複雑な安全保障の現実を学ぶことをせずに、ただただ念仏を唱えるかのように抽象的な平和を唱え続けるだけではないか。まるで自らが道徳的な優位に立っているかのように他者を侮蔑して、批判して、自己の正義を疑わないその思考方法は、かつて高坂がもっとも嫌ったものでなかったか。そして、高坂が懸念して、見たくないと思っていた景色を、われわれは見ているのではないか。

そのような思いを感じながら、本書を書き綴った。安保論争を理解するためには、安全保障研究、国際法、外交史、日本政治、憲法といった学問を体系的かつ多角的に理解することに加えて、国際情勢の動きや安全保障環境の変化、そして安全保障関連技術の進展を適切に理解することが欠かせない。そのどれか一つだけを見ていたのでは、全体を見ることはできない。

私には、そのような多角的に全体を理解する力が十分にはないので、本書の中ではところどころで議論が表層的となり、また自らの浅学がにじみ出てしまっていると思う。私の専門は、外交史と国際政治、そして安全保障研究であるので、それ以外の専門についてはそれぞれの分野の専門家の書いた著作や論文から多くを学ばせていただいている。学問成果が「公共財」であることをあらためて実感した。その論争へ向けて、外交史や国際政治学の専門領域からもしも少しでも建設的な議論を育むための貢献ができたとすれば、望外の喜びである。

二〇一五年九月一九日に安保関連法が成立して、それが本年三月二九日に施行されても、論争が終わるべきではない。すでに述べたように、これからもわれわれは、日本にとってもっとも望ましい安全保障政策と安全保障法制がどのようなものなのかを、考え続けていかなければならないと思っている。もしも安保関連法に問題があるとすれば、そして政府の憲法解釈に欠陥があるとすれば、これからそれらを修正していかなければならない。何よりも、日本国民の一人として、引き続きこの問題を考え続けて、アジア太平洋地域の平和と安定のために日本がどのような貢献ができるのか、自分なりに答えを探し続けていきたいと思っている。

安倍晋三政権が成立してから、二〇一三年には「安全保障の法的基盤の再構築に関する懇談会」および「安全保障と防衛力に関する懇談会」という、首相官邸で行った二つの有識者会議に委員として参加をさせていただいた。どちらにおいても私はもっとも若輩で、もっともその場に相応しくない委員であったと思う。それにもかかわらず、毎回周囲をはばかることなく、好き勝手を述べさせていただいた。何よりも、そのような委員の主張を静かにしかしメモを取りながら真摯に聞き続けている安倍首相の姿が印象的であった。常に何か新しいことを学ぼうとするその姿に、むしろこちらが身の引き締まる思いがした。その気持ちを忘れることなく、思索を深めていきたい。

＊

本書は、その多くがこれまで私がさまざまな媒体に発表した論稿がもととなり、それらを大幅に改稿して、加筆したうえで刊行したものである。すでにもとの原稿の姿が大きく変わってしまったものばかりであるが、最初に発表した場所を以下に記させていただく。

Ⅰ　平和はいかにして可能か
1　平和への無関心（書き下ろし）
2　新しい世界の中で（書き下ろし）

Ⅱ　歴史から安全保障を学ぶ
1　より不安定でより危険な世界（書き下ろし）
2　平和を守るために必要な軍事力（「『国際主義の欠落』という病理」『新潮45』二〇一五年八月号）

Ⅲ　われわれはどのような世界を生きているのか――現在の安全保障環境
1　「太平洋の世紀」の日本の役割（『東亜』二〇一二年二月号）

2　「マハンの海」と「グロティウスの海」（『東亜』二〇一二年五月号）
3　日露関係のレアルポリティーク（『東亜』二〇一二年八月号）
4　東アジア安全保障環境と日本の衰退（『東亜』二〇一二年一一月号）
5　「陸の孤島」と「海の孤島」（『東亜』二〇一三年二月号
6　対話と交渉のみで北朝鮮のミサイル発射を止めることは可能か（「ニューズウィーク日本版ウェブ版〔国際政治の読み解き方〕」（http://www.newsweekjapan.jp/hosoya/）二〇一六年二月）
7　カオスを超えて——世界秩序の変化と日本外交（『日本経済新聞』「経済教室」二〇一三年一月一〇日）

Ⅳ　日本の平和主義はどうあるべきか——安保法制を考える

1　集団的自衛権をめぐる戦後政治（「集団的自衛権をめぐる戦後政治」『IIPS Quarterly』Vol.5, No.2 二〇一四年四月）
2　「平和国家」日本の安全保障論（「平和のための軍事力を考える」『外交』Vol.33 二〇一五年九月号）
3　安保関連法と新しい防衛政策（「安保法制と新しい防衛政策」『IIPS Quarterly』Vol.7,

No.1 二〇一六年一月）

4 安保法制を理性的に議論するために（「ニューズウィーク日本版ウェブ版〈国際政治の読み解き方〉」（http://www.newsweekjapan.jp/hosoya/）二〇一五年七月〜九月）

5 安保関連法により何が変わるのか（『日本経済新聞』「経済教室」二〇一六年三月一六日）

もとの原稿を大幅に書き換えているが、それぞれの媒体で自らの見解を示す機会を与えていただいたことに感謝申し上げたい。安保法制反対の巨大な潮流が渦巻き、われわれの言論を飲み込んでいるときに、私のような「賛成」の立場の見解を掲載させていただいたのはとても有り難いことであった。

これまで何人もの優れた論者が述べてきたように、日本の社会はときおり「空気」が支配をして、人々の思考を飲み込んでしまうことがある。それゆえに、本書の冒頭は、一九九二年のＰＫＯ協力法をめぐる反対派がつくった巨大な潮流について触れることから、記述を始めている。そして、この「あとがき」では、高坂正堯がかつて語った、「責任を負わない形での自由の追求」が「精神を腐敗させる」ことへの懸念に触れている。実は、今回の安保法制をめぐる論争は、より深いところでわれわれの文化や深層心理、そしてさらには戦後日本が歩んできた道のりと深く結びついているのである。

*

さて、本書を刊行するうえでまず感謝をしないといけないのは、筑摩書房編集局の増田健史さんである。本来は、ほかの案件の企画についての雑談からはじまったのだが、増田さんには私がウェブや新聞・雑誌などに記したいくつかの原稿に手を入れ、新書として刊行するご提案をいただいた。

それぞれの文章はその時々の感じたこと、考えたことをまとめたものであって、形式や内容について多少のばらつきが見られる。だが、基本的な問題意識は一貫しており、またそれは現在に至っても変わっていない。日本の安全保障政策をめぐる論点を、安全保障環境の推移に留意しながら位置づけなおす作業は、それなりに意味があるのではないかと考えた。とりわけ、私のようなイギリス外交史を専門とする立場から、現代の日本の安保論争を時間かつ空間的に相対化して冷静に論じることは、一定の価値を持つのではないか。

安保関連法が成立して施行されても、安全保障を考えたうえでの論争が深まっていく気配のないことに、苛立ちを感じていた。まるで古代の部族が神に向かって雨乞いをするかのように、人々が平和を祈る姿をみて私の不安は強まる一方であった。われわれに必要なことは、祈ることではない。第二次世界大戦中も、多くの人が戦争の勝利を祈っていた。政治や外交は、気候でもなければ、天災でもない。われわれ人間が、自らの思考と、判断と、理性に基づいて決断すべき「技術（アート）」なのである。芸術家がより美しい芸術を創るために努力をするように、われわれもまたよりよい政治や外交を生み出すための学習の努力をやめてはならない。

私が安全保障に関心を持ち、そしてそれを学ぶための最良の機会を提供してくれたのが、東京大学名誉教授で、現在国際協力機構（ＪＩＣＡ）理事長を務めている北岡伸一先生である。私が立教大学に入学した四カ月後の一九九〇年八月にイラクがクウェートを軍事占領した。また、大学一年生のときの北岡先生の基礎文献購読（ゼミ）が終わる頃に、湾岸戦争が勃発した。冷戦が終わって不安定な新しい世界秩序が浮かび上がりつつあるこの時代に、もっとも優れた政治学者であり外交史家である北岡先生のゼミで外交や安全保障について考えて、色々と質問できる機会が得られたことは、何よりも幸運なことであった。その後も現在に至るまで、安全保障を考えるうえでの最良の指導をしていただいている。

そしてその後、朝鮮半島危機や台湾海峡危機が起こって、日本外交が大きく揺れ動くその時代に、私はイギリスのバーミンガム大学大学院に留学した。そのときの指導教授が、スチュアート・クロフト教授で、クロフト教授の「安全保障研究（Security Studies）」の授業は目から鱗が落ちるような新鮮な驚きで満ちていた。体系的に安全保障研究をしたことがなく、また日本では軍事研究を禁止されることが多いという環境にあったために、最先端の安全保障研究に触れられたことが、現在に至る問題関心につながっている。

また、帰国後に平和・安全保障研究所（ＲＩＰＳ）の安全保障研究奨学プログラムの第九期生として加えていただいたことで、西原正防衛大学校長（当時）と土山實男青山学院大学教授の二人の専門家の指導を受けられたことは、大変に幸いなことであった。優れた同世代の研究者たちといっしょに、この時代の安全保障問題について多角的に学び、議論をして、理解を深めていくことができた。当時は、体系的に安全保障研究を学ぶ場所として、防衛大学校や防衛研究所のような防衛省の附属組織を除くと、日本でほぼ唯一安全保障専門家を養成するための「訓練場」であった。

また、私にとっては、オランダのマーストリヒト大学、イギリスのバーミンガム大学、アメリカのプリンストン大学、そしてフランスのパリ政治学院という、異なる国で異なる文化の安全保障研究に触れたことは、多角的に世界の問題を理解するうえで役に立っている。とりわけ、プリンストン大学でジョン・アイケンベリー教授にご指導いただけたことは、私が現在の国際政治を考えるうえでの基礎を創るにあたり最良の機会となった。

現在に至るまでに、日本国内でも、私が現在所属する世界平和研究所や東京財団のようなシンクタンクをはじめ、さまざまな研究機関や、学会や研究会を通じて、多くの専門家の方々から最良のかたちでのご教示をいただいてきた。また海外においても、アメリカ、イギリス、フランス、オランダ、韓国、中国などに出張して、そこでお会いしていっしょにセミナーやシンポジウムなどに参加する、シンクタンクや大学に所属する友人の研究者の方々から、多大なるご教示をいただいてきた。

それぞれ異なる環境で、異なる国籍と立場で、異なる主張をしながらも、国際社会においてどのようなかたちで平和を確立するべきかについて、多くの点で認識を共有していると実感している。謝辞を申し上げるための、とてつもなく長くなるであろうお名前のリストをあげることは控えさせていただくが、これから、深く感謝している私の気持ちをお伝えしていきたい。

さらには、外務省や防衛省・自衛隊、首相官邸、内閣官房、国家安全保障局などに務めて、重責を担っておられる優秀な官僚の方々、そして自民党や民進党、公明党、大阪維新の会などで、実際に政治の世界でこの問題に責任を持って向き合っておられる国会議員の方々からも、日頃からさまざまな機会に知的な刺激や、最良のご教示をいただいている。お名前をあげることはここでも控えさせていただくが、それらの多くの方々の平和を願う真摯な姿勢は、けっして国会周辺でデモ活動をしている方々に劣るものではないと感じている。

このようにして、私は安全保障研究の専門家としては、日本の防衛政策や、日米同盟を研究する方々のようにその詳細を深く掘り下げる能力には欠けているが、問題を多面的にとらえるという点では多少なりとも貢献できる部分があるのではないかと考えている。

本書はあくまでも、安保論争をこれから進めていくための導入という役割以上を担うことはできない。しかしながら、かつて高坂正堯教授が失望して、懸念した「精神の腐敗」に堕落することなく、誠実かつ真剣に、あるべき日本の安全保障政策や安全保障法制の姿を、具体的に議論をしていくうえでのひとつの新しい出発点になることを願っている。

二〇一六年六月

細谷雄一

ちくま新書
1199

安保《あんぽ》論争《ろんそう》

二〇一六年七月一〇日　第一刷発行
二〇一六年七月三〇日　第二刷発行

著　者　細谷雄一（ほそや・ゆういち）

発行者　山野浩一

発行所　株式会社　筑摩書房
東京都台東区蔵前二-五-三　郵便番号一一一-八七五五
振替〇〇一六〇-八-四一二三

装幀者　間村俊一

印刷・製本　三松堂印刷　株式会社

乱丁・落丁本の場合は、左記宛にご送付ください。
送料小社負担でお取り替えいたします。
ご注文・お問い合わせも左記へお願いいたします。
〒三三一-八五〇七　さいたま市北区櫛引町二-六〇四
筑摩書房サービスセンター　電話〇四八-六五一-〇〇五三

ISBN978-4-480-06904-7 C0231

ちくま新書

888 世界史をつくった海賊　竹田いさみ
スパイス、コーヒー、茶、砂糖、奴隷……歴史の陰には、常に奴らがいた。開拓の英雄であり、略奪者で厄介者でもあった〝国家の暴力装置〟から、世界史を捉えなおす！

935 ソ連史　松戸清裕
二〇世紀に巨大な存在感を持ったソ連。「冷戦の敗者」「全体主義国家」の印象で語られがちなこの国の内実を丁寧にたどり、歴史の中での冷静な位置づけを試みる。

1019 近代中国史　岡本隆司
中国とは何か？　その原理を解く鍵は、近代史に隠されている。グローバル経済の奔流が渦巻きはじめた時代から、激動の歴史を構造的にとらえなおす。

1080 「反日」中国の文明史　平野聡
文明への誇り、日本という脅威、社会主義と改革開放、矛盾した主張と強硬な姿勢……。驕る大国の本質を悠久の歴史に探り、問題のありかと日本の指針を示す。

1082 第一次世界大戦　木村靖二
第一次世界大戦こそは、国際体制の変化、女性の社会進出、福祉国家化などをもたらした現代史の画期である。戦史的経過と社会的変遷の両面からたどる入門書。

1147 ヨーロッパ覇権史　玉木俊明
オランダ、ポルトガル、イギリスなど近代ヨーロッパ諸国の台頭は、世界を一変させた。本書は、軍事革命、大西洋貿易、アジア進出など、その拡大の歴史を追う。

1177 カストロとフランコ ――冷戦期外交の舞台裏　細田晴子
キューバ社会主義革命の英雄と、スペイン反革命の指導者。二人の「独裁者」の密かなつながりとは何か。未開拓の外交史料を駆使して冷戦下の国際政治の真相に迫る。

ちくま新書

465
憲法と平和を問いなおす
長谷部恭男
情緒論に陥りがちな改憲論議と冷静に向きあうには、そもそも何のための憲法かを問う視点が欠かせない。この国のかたちを決する大問題を考え抜く手がかりを示す。

535
日本の「ミドルパワー」外交
――戦後日本の選択と構想
添谷芳秀
「平和国家」と「大国日本」という二つのイメージに引き裂かれてきた戦後外交をミドルパワー外交と積極的に位置付け直し、日本外交の潜在力を掘り起こす。

722
変貌する民主主義
森政稔
民主主義の理想が陳腐なお題目へと堕したのはなぜか。その背景にある現代の思想的変動を解明し、複雑な共存のルールへと変貌する民主主義のリアルな動態を示す。

1005
現代日本の政策体系
――政策の模倣から創造へ
飯尾潤
財政赤字や少子高齢化、地域間格差といった、わが国の喫緊の課題を取り上げ、改革プログラムのための思考を展開。日本の未来を憂える、すべての有権者必読の書。

1016
日中対立
――習近平の中国をよむ
天児慧
大国主義へと突き進む共産党指導部は何を考えているのか？　内部資料などをもとに、権力構造を細密に分析し、大きな変節点を迎える日中関係を大胆に読み解く。

1031
北朝鮮で何が起きているのか
――金正恩体制の実相
伊豆見元
ミサイル発射、核実験、そして休戦協定白紙化――北朝鮮が挑発を繰り返す裏には、金正恩の深刻な権威不足があった。北朝鮮情勢分析の第一人者による最新の報告。

1033
平和構築入門
――その思想と方法を問いなおす
篠田英朗
平和はいかにしてつくられるものなのか。武力介入や犯罪処罰、開発援助、人命救助など、その実際的手法と背景にある思想をわかりやすく解説する、必読の入門書。

1050 知の格闘 ――掟破りの政治学講義 御厨貴
政治学が退屈だなんて誰が言った？ 行動派研究者の東京大学最終講義を実況中継。言いたい放題のおしゃべりにゲストが応戦。学問が断然面白くなる異色の入門書。

1075 慰安婦問題 熊谷奈緒子
従軍慰安婦は、なぜいま問題なのか。背景にある戦後補償問題、アジア女性基金などの経緯を解説。特定の立場によらない、バランスのとれた多面的理解を試みる。

1111 平和のための戦争論 ――集団的自衛権は何をもたらすのか？ 植木千可子
「戦争をするか、否か」を決めるのは、私たちの責任になる。集団的自衛権の容認によって、日本と世界はどう変わるのか？ 現実的な視点から徹底的に考えぬく。

1122 平和憲法の深層 古関彰一
日本国憲法制定の知られざる内幕。そもそも平和憲法は押し付けだったのか。天皇制、沖縄、安全保障……その背後の政治的思惑、軍事戦略、憲法学者の主導権争い。

1152 自衛隊史 ――防衛政策の七〇年 佐道明広
世界にも類を見ない軍事組織・自衛隊はどのようにできたのか。国際情勢の変動と平和主義の間で揺れ動いてきた防衛政策の全貌を描き出す、はじめての自衛隊全史。

1176 迷走する民主主義 森政稔
政権交代や強いリーダーシップを追求した「改革」がもたらしたのは、民主主義への不信と憎悪だった。その背景に何があるのか。政治の本分と限界を冷静に考える。

1185 台湾とは何か 野嶋剛
国力において圧倒的な中国・日本との関係を深化させる台湾。日中台の複雑な三角関係を波乱の歴史、台湾の社会・政治状況から解き明かし、日本の針路を提言。

ちくま新書

545 哲学思考トレーニング　伊勢田哲治
哲学って素人には役立たず？　否、そこは使える知のツールの宝庫。屁理屈や権威にだまされず、筋の通った思考を自分の頭で一段ずつ積み上げてゆく技法を完全伝授！

832 わかりやすいはわかりにくい？——臨床哲学講座　鷲田清一
人はなぜわかりやすい論理に流され、思い通りにゆかず苛立つのか——常識とは異なる角度から哲学的に物事を見る方法をレッスンし、自らの言葉で考える力を養う。

944 分析哲学講義　青山拓央
現代哲学の全領域に浸透した「分析哲学」。言語のはたらきの分析を通じて世界の仕組みを解き明かすその手法は切れ味抜群だ。哲学史上の優れた議論を素材に説く！

964 科学哲学講義　森田邦久
科学的知識の確実性が問われている今こそ、科学の正しさを支えるものは何かを、根源から問い直さねばならない！　気鋭の若手研究者による科学哲学入門書の決定版。

967 功利主義入門——はじめての倫理学　児玉聡
「よりよい生き方のために常識やルールをきちんと考えなおす」技術としての倫理学において「功利主義」は最有力のツールである。自分で考える人のための入門書。

1060 哲学入門　戸田山和久
言葉の意味とは何か。私たちは自由意志をもつのか。人生に意味はあるか……こうした哲学の中心問題を科学が明らかにした世界像の中で考え抜く、常識破りの入門書。

1165 プラグマティズム入門　伊藤邦武
これからの世界を動かす思想として、いま最も注目されるプラグマティズム。アメリカにおけるその誕生から最新の研究動向まで、全貌を明らかにする入門書決定版。

ちくま新書

020 ウィトゲンシュタイン入門 永井均

天才哲学者が生涯を賭けて問いつづけた「語りえないもの」とは何か。写像・文法・言語ゲームと展開する特異な思想に迫り、哲学することの妙技と魅力を伝える。

029 カント入門 石川文康

哲学史上不朽の遺産『純粋理性批判』を中心に、その哲学の核心を平明に読み解くとともに、哲学者の内面のドラマに迫り、現代に甦る生き生きとしたカント像を描く。

200 レヴィナス入門 熊野純彦

フッサールとハイデガーに学びながらも、ユダヤの伝統を継承し独自の哲学を展開したレヴィナス。収容所体験から紡ぎだされた強靭で繊細な思考をたどる初の入門書。

277 ハイデガー入門 細川亮一

二〇世紀最大の哲学書『存在と時間』の成立をめぐる謎とは？　難解といわれるハイデガーの思考の核心を読み解き、西洋哲学が問いつづけた「存在への問い」に迫る。

533 マルクス入門 今村仁司

社会主義国家が崩壊し、マルクス主義が後退した今、マルクスを読みなおす意義は何か？　既存のマルクス像からはじめて自由になり、新しい可能性を見出す入門書。

776 ドゥルーズ入門 檜垣立哉

没後十年以上を経てますます注視されるドゥルーズ。哲学史的な文脈と思想的変遷を踏まえ、その豊かなイマージュと論理を読む。来るべき思想の羅針盤となる一冊。

922 ミシェル・フーコー
——近代を裏から読む
重田園江

社会の隅々にまで浸透した「権力」の成り立ちを問い、常識的なものの見方に根底から揺さぶりをかけるフーコー。その思想の魅力と強靭さをとらえる革命的入門書！

ちくま新書

659 現代の貧困
――ワーキングプア／ホームレス／生活保護
岩田正美
貧困は人々の人格も、家族も、希望も、やすやすと打ち砕く。この国で今、そうした貧困に苦しむのは「不利な人々」ばかりだ。なぜ？ 処方箋は？ をトータルに描く。

757 サブリミナル・インパクト
――情動と潜在認知の現代
下條信輔
巷にあふれる過剰な刺激は、私たちの情動を揺さぶり潜在脳に働きかけて、選択や意思決定にまで影を落とす。心の潜在性という沃野から浮かび上がる新たな人間観とは。

784 働き方革命
――あなたが今日から日本を変える方法
駒崎弘樹
仕事に人生を捧げる時代は過ぎ去った。「働き方」の枠組みを変えて少ない時間で大きな成果を出し、家庭や地域社会にも貢献する新しいタイプの日本人像を示す。

800 コミュニティを問いなおす
――つながり・都市・日本社会の未来
広井良典
高度成長を支えた古い共同体が崩れ、個人の社会的孤立が深刻化する日本。人々の「つながり」をいかに築き直すかが最大の課題だ。幸福な生の基盤を根っこから問う。

887 キュレーションの時代
――「つながり」の情報革命が始まる
佐々木俊尚
テレビ・新聞・出版・広告――マスコミ消滅後、情報はどう選べばいいか？ 人の「つながり」で情報を共有する時代の本質を抉る、渾身の情報社会論。

1100 地方消滅の罠
――「増田レポート」と人口減少社会の正体
山下祐介
「半数の市町村が消滅する」は嘘だ。「選択と集中」などという論理を振りかざし、地方を消滅させようとしているのは誰なのか。いま話題の増田レポートの虚妄を暴く。

1168 「反戦・脱原発リベラル」はなぜ敗北するのか
浅羽通明
楽しくてかっこよく、一〇万人以上を集めたデモ。だが原発は再稼働し安保関連法も成立。なぜ勝てないのか？ 勝ちたいリベラルのための真にラディカルな論争書！